PERDIDOS EN EL ESPACIO

Increíbles historias de misiones
fallidas y cosmonautas abandonados

Hugo Montero

PERDIDOS EN EL ESPACIO

Increíbles historias de misiones fallidas y cosmonautas abandonados

CONJURAS

L.D. Books

L.D. Books

D. R. ©Editorial Lectorum, S.A. de C.V., 2014
Batalla de Casa Blanca Manzana 147 A Lote 1621
Col. Leyes de Reforma, 3a. Sección
C. P. 09310, México, D. F.
Tel. 5581 3202
www.lectorum.com.mx
ventas@lectorum.com.mx

L.D. Books Inc.
Miami, Florida
sales@ldbooks.com

Primera edición: marzo de 2014
ISBN: 978-1500-395-5216

Colección **CONJURAS**

A Yuri Gagarin,
que abrió el camino hacia las estrellas

Introducción

"La Tierra es la cuna de la Humanidad... Pero no
se puede vivir para siempre en una cuna".
Konstantin Tsiolkovsky (1857-1935)

Ni aun en su más afiebrada pesadilla, el científico ruso podía imaginarse todo lo que llegaría después. Entonces, aquel autodidacta y ermitaño profesor de matemáticas, apasionado lector de Julio Verne y conocido entre sus vecinos como un "científico loco", apenas soñaba con bosquejos de cohetes de propulsión líquida, diseños de cabinas presurizadas y naves espaciales con varias módulos a desprenderse en distintas etapas.

La imaginación del físico Konstantin Tsiolkovsky era un campo fértil para el esfuerzo creativo, pero también un abismo de soledad que lo marginaba del mundo cotidiano en la Rusia todavía gobernada por los zares. Recién después del triunfo bolchevique de 1917, algunas de las ideas del visionario Tsiolkovsky se ganaron un lugar en la apreciación científica de su tiempo. Pero aun en ese contexto de cambios profundos, sus proyectos de desarrollo espacial estaban muy lejos de cualquier experiencia técnica en el campo de lo posible, y se acercaban peligrosamente al delirio de un desequilibrado. Para Tsiolkovsky, el futuro del hombre estaba predestinado por aquellas lecturas futuristas de Verne: el destino era asumirse como un pueblo de nómades del Cosmos, como un modo de escapar al escenario de devastación que la misma especie había determinado para su planeta.

Dos décadas después de su muerte, un anónimo compatriota suyo, lector de aquellas novelas y estudios donde se mixturaban ciencia y ficción, se encargó de retomar su senda y cumplir con sus anhelos más profundos. Ni H. G. Wells, ni Georges Méliès, ni siquiera Ray Bradbury podían anticipar las variables que emergerían a partir del primer paso de aquel anónimo ingeniero soviético. Su nombre era Sergei; el cerebro responsable del lanzamiento y puesta en órbita del primer satélite artificial en la historia, el evento que, según la opinión de Arthur C. Clarke –el autor de *2001. Odisea en el espacio*–, fue el verdadero hito de todo el siglo XX.

Competencia y logros

Y cuando el *Sputnik* ya orbitaba alrededor de la Tierra y todos los radares del mundo difundían aquel *bip, bip, bip* metálico e inmortal, un orgulloso Korolev se dirigió a su equipo de trabajo en el Cosmódromo de Baikonur para explicarles la dimensión de aquello que estaba sucediendo:

"La conquista del espacio ha comenzado. Fuimos testigos hoy de la realización de un sueño pensado por algunas de las mentes más brillantes que hayan existido. Nuestro científico excepcional, Konstantin Tsiolkovsky, previó de forma brillante que la Humanidad no seguiría por siempre en la Tierra. El *Sputnik* es la primera confirmación de su profecía".

Después del fin de la Segunda Guerra Mundial y de la partición del mundo en dos mitades, Estados Unidos y la Unión Soviética iniciaron una peligrosa carrera militar y propagandística por la hegemonía política del planeta, una contienda que se extendió por casi medio siglo y que recibió el consabido nombre de Guerra Fría. Esa batalla contó además con el espionaje industrial, la propalación mediática y la amenaza nuclear como instrumentos de difusión masiva. Y puso en serio riesgo la vida de millones de personas ante cada conflicto geopolítico.

La competencia armamentística contaba con una herramienta de propaganda clave desde mediados de la década del cincuenta: la carrera espacial, que había iniciado el *Sputnik* soviético en 1957. Para el científico alemán Wernher von Braun, el antagonista de Korolev con pasado nazi y reclutado por Estados Unidos después de la Gran Guerra, el lanzamiento del *Sputnik* fue una afrenta inesperada en medio de su trabajo con el proyecto Vanguard. Como consideraba que los rusos estaban muy atrás en cuanto a desarrollo tecnológico, Von Braun avanzaba con tranquilidad con su propia idea de un satélite artificial. Después de conocida la novedad, y como para incentivar la paranoia nuclear de la época, el propio Von Braun deslizó ante la prensa una doble lectura del nuevo hallazgo científico:

"Durante los próximos diez o quince años, la Tierra tendrá un nuevo compañero en los cielos, un satélite fabricado por el hombre que podría ser la mayor fuerza para la paz que jamás se haya diseñado, o bien una de las más terribles armas de guerra, dependiendo de quién lo haga y lo controle".

El suceso publicitario inédito de la puesta en órbita del satélite de Korolev fue el punto de partida de una disputa en la que se involucrarían científicos, técnicos y militares de ambos lados, urgidos y presionados por los tiempos de cada político de turno en sus respectivos países.

Desde entonces, no existió mayor desafío para la inteligencia y la pericia del hombre que anticiparse a su adversario, superar las propias limitaciones y llegar primero a lugares que ningún otro hombre había transitado. Se desarrollaron tecnologías revolucionarias sin modelo previo; se experimentó con animales; se elucubraron audaces diseños; se organizaron planes extraordinarios con un solo objetivo: conquistar el Cosmos primero y poner a un hombre en la Luna después.

Por primera vez en la Historia, el espacio no era ya exclusivamente el escenario para creativas narraciones de ciencia ficción ni para utopías sin fundamento científico. Ahora el espacio era el verdadero campo de una batalla entre capitalismo y comunismo, por la dominación y la superioridad de un modelo sobre el otro.

Es cierto que los soviéticos aventajaron a los norteamericanos desde el principio de la carrera, al posicionar: el primer satélite artificial en órbita, en 1957; el primer ser vivo en el espacio (la perra Laika), el mismo año; la primera nave que orbitó el sol (*Luna 1*), en 1959; y la primera nave humana en alcanzar la Luna (*Luna* 2), en 1959. También se habían adelantado al fotografiar la hasta entonces desconocida cara lunar oculta (*Luna* 3), en 1959; y habían logrado enviar exitosamente al primer hombre al Cosmos,Yuri Gagarin (en el *Vostok 1*), en 1961; a la primera mujer en el espacio,Valentina Tereshkova (en el *Vostok* 6), en 1963; habían realizado el primer paseo espacial, a cargo de Alexei Leonov (en la *Voskhod* 2), en 1965; y ostentaban el crédito de la primera sonda terrestre en alcanzar otro planeta (el *Venera* 3, en Venus), en 1966; entre tantos otros avances tecnológicos sin tanta repercusión mediática.

Tal era el apabullante listado de logros de los soviéticos. Sin embargo, en el objetivo final de llegar antes a la Luna con un vuelo tripulado, éstos fueron superados por la pericia de los norteamericanos, en 1969.

La otra "cara oculta"

Desde entonces, la evolución tecnológica no se detuvo jamás. A Yuri Gagarin y su vuelo de 108 minutos alrededor del planeta le siguieron 520 hombres y mujeres de 38 países distintos viajando al espacio. El desafío tenía la dimensión de un abismo negro, donde la gravedad y el sonido eran los grandes ausentes. Pero todo desafío tiene un riesgo, y en muchas ocasiones el peligro asume las formas de aquello que se pretende conquistar.

Detrás de aquella ambición aventurera que cambiaría al mundo para siempre, un puñado de anónimos pioneros ganó la dimensión de héroes nacionales, recibió premios y condecoraciones. Varios fueron tapa de revistas e invitados asiduos de múltiples celebraciones. Pero otros tantos, ignotos y no menos audaces, se hundían en el silencio y en las sombras de sus fracasos, necesariamente ocultos detrás de la muralla de la propaganda.

Yuri Gagarin fue, como dijimos, el primer hombre en órbita, pero también, una pantalla. Con su éxito se disimularon otros intentos frustrados, ocultos por el secreto de Estado. En verdad, decenas de temerarias pruebas barridas bajo la alfombra, y que multiplicaron las teorías conspirativas y míticas, alimentadas por la paranoica censura soviética.

A la sombra de aquella primera y meritoria hazaña, se desdibujaron los bordes de la tragedia de otros cosmonautas sin tanta suerte, como Valentin Bondarenko y Vladimir Komarov; o el lanzamiento de centenares de animales al espacio sin retorno asegurado, como la perra Laika, el mono Albert, y otros tantos.

La URSS era una potencia mundial que se mostraba en condiciones de montar la primera estación espacial orbital, uno de los éxitos tecnológicos más importantes de la historia moderna. Pero después de atravesar una crisis terminal se fragmentó en quince repúblicas y asumió la imposibilidad de hacer retornar a un cosmonauta que espera varado en el Cosmos; a esa altura, sin país, sin bandera y, sobre todo, sin destino. Detrás de las luces del éxito y la maravilla tecnológica que parecía burlarse de todos los límites, se multiplicaron las leyendas negras sobre cosmonautas desaparecidos en el espacio. Como de costumbre, aquello que resulta complejo de asimilar para la inteligencia de los hombres, era reemplazado por conjeturas e hipótesis basadas en la fábula y el rumor.

La réplica americana

Del otro lado del desafío planetario, Estados Unidos asumió el golpe del *Sputnik* y creó su propia agencia espacial, la NASA, a la que le destinó un millonario presupuesto y le exigió lo inimaginable: llegar a la Luna con un vuelo tripulado.

El "momento *Sputnik*" refiere en Estados Unidos a una etapa histórica concreta, pero de ella se desprende una doble lectura. Por un lado, se trató de la humillación más dolorosa para un país que se jactaba de su desarrollo científico y que se veía superado imprevistamente por un rival supuestamente inferior. Con tono sepulcral y afectado, el director del programa estadounidense de AGI (Año Geofísico Internacional), Lloyd Beckner, tuvo que dirigirse a los medios de prensa con un mensaje inesperado para anunciar que el *Sputnik* volaba por sobre sus cabezas:

> "Quiero darles una noticia. Un satélite soviético gira alrededor de la Tierra a 900 kilómetros de altura. Felicito a nuestros colegas soviéticos por su remarcable éxito".

Pero ese traspié también significó el detonante de una apuesta por la ciencia sin fronteras a la vista, donde todo estaba por diseñarse desde cero y en la que cada americano podía sentirse parte vital de un programa que pretendía quedarse con la hegemonía de la carrera espacial iniciada por los soviéticos.

Fue así como un año después del cachetazo que significó el *Sputnik*, la Casa Blanca financió la creación de la NASA. Poco tiempo después, el presidente electo John Kennedy realizó el anuncio más temerario de su gestión. En mayo de 1961 prometió que, antes del final de esa década, un hombre americano pisaría suelo selenita y volvería a casa sano y salvo. Y se atrevió a manifestar:

"Nosotros decidimos ir a la Luna. Decidimos ir a la Luna en esta década y hacer otras cosas, no porque sean fáciles, sino porque son difíciles".

La NASA habría de lograrlo, pero Kennedy ya no estaría para ser testigo de aquel momento inolvidable. El único problema para cumplir con las promesas siempre fue el mismo: el tiempo.

Daños colaterales

La urgencia de llegar primero se cobró la vida de los tres tripulantes de la misión *Apolo 1* por un desperfecto técnico, y provocó la posterior tragedia, transmitida en vivo y en directo para todo el mundo, la del *Challenger* y del transbordador *Columbia*, por la probada negligencia y desidia de la NASA en materia de seguridad. Pero era "gajes del oficio". A tal punto que los asesores del presidente Richard Nixon habían llegado a preparar un discurso para el hipotético caso de que la misión del *Apolo 11* no hubiese podido regresar de la Luna. En una parte de ese mensaje, conservado por un coleccionista, se destacaba:

"La suerte ha querido que los dos astronautas que fueron a la Luna para explorar con espíritu de paz descansen en la Luna en paz. Estos valientes hombres, Neil Armstrong y Edwin Aldrin, saben que no tienen ninguna esperanza de ser salvados, pero saben que su sacrificio aportará esperanza a la humanidad. Todo ser humano que mire la Luna por la noche verá y sabrá que hay otro sitio del mundo que forma para siempre parte de la humanidad".

Es que la política, desde siempre, es la que determina los planes y apura los plazos, como si la naturaleza pudiera ajustarse a los parámetros del presidente de turno o los materiales tecnológicos se pudieran adaptar a las necesidades de un proyecto que requiere financiamiento y algo más intangible pero no menos determinante: tiempo. Ambas cosas eran indispensables para conducir inexorablemente a un resultado positivo y preservar la vida de quienes estuviesen involucrados.

A la vez, el factor económico emergía como algo trascendente en esa nueva etapa, que mostraba además empresas contratistas presionando para cumplir con determinados plazos; técnicos que decidían ocultar sus dudas y miedos para no entorpecer los planes de sus jefes; políticas de seguridad que perdían (y pierden) su rigor al enredarse en las telaraña de la rutina... Y, finalmente, las catástrofes de brutal impacto social, con escarnio público para algunos, y para ellos mismos y otros, responsabilidades diluidas a fin de mantener un bajo perfil durante un tiempo y volver a la carga, pero sin solucionar los problemas de fondo.

Así hizo su entrada en escena la tragedia, como efecto colateral de la conquista, y como (alto, altísimo) precio a pagar por la osadía de atreverse a visitar el Cosmos. Y de esa tragedia haremos un breve repaso en las próximas páginas. Con pioneros, mártires, náufragos y fantasmas errantes por el Cosmos; nombres e historias mínimas olvidadas por la historia oficial, pero que ya tienen su lugar asegurado en la épica de la conquista del espacio, ésa imaginada por visionarios y ejecutada por científicos creativos, diseñadores talentosos y cosmonautas audaces.

Capítulo 1
Sergei Krikalev
El náufrago de las estrellas

"Cumplí celosamente nuestro plan / por un millón de años esperar. / Hoy llevo el doble dando coordenadas / pero nadie contesta mis llamadas. / ¿Qué puede haber pasado a mi señal? / ¿Será que me he quedado sin hogar? / Me voy debilitando lentamente, / quizá no sea yo cuando me encuentren...".
Fragmento de "Casiopea", canción de Silvio Rodríguez, inspirada en la historia del cosmonauta Sergei Krikalev

Por fin de regreso, el desventurado cosmonauta responde con paciencia y buen ánimo todas y cada una de las preguntas (aun las más absurdas) que le acerca una multitud de ansiosos periodistas. Y dice, por ejemplo:

"La tierra vista desde arriba es azul; aun los bosques, que aquí se ven verdes, se ven allí como a través de un filtro azulado. Se distinguen grandes ciudades y carreteras importantes. Incluso, observando con mucha atención, yo pude ver las pirámides de Egipto".

Quien habla es Sergei Krikalev, el "último ciudadano soviético", el "hombre abandonado en el Cosmos", "el rehén del espacio", según haya elegido definirlo por aquel entonces cada diario de alrededor de todo el mundo.

No podía faltar, claro, el pedido de una opinión sobre los cimbronazos políticos en su patria disgregada, pero otra vez las reflexiones del viajero espacial expresaban un perfil diferente al esperado por la prensa, hambrienta de impacto, titulares fáciles y frases polémicas:

"Desde esa distancia, desde un punto de vista global, cuando completas una órbita cada hora y media alrededor de la Tierra, los trajines políticos no se perciben tan trascendentes".

De todos modos, durante la conferencia organizada por su retorno a tierra firme, hubo una pregunta inoportuna que el cosmonauta soviético no pudo responder. Un cronista, mitad curioso y mitad irreverente, le consultó:

"¿Lloró alguna vez en todo este tiempo?".

Los presentes en la sala saludaron con risas el interrogante poco científico. Krikalev también sonrió, pero escuchó con atención la duda del periodista y guardó silencio. Uno de los responsables técnicos de la misión *Soyuz* se apuró en responder. Tomó el micrófono y algo crispado dijo:

"Hay mucho trabajo y, además, mandamos al espacio gente emocionalmente estable".

El obstinado cronista insisitió, aunque llevando su interrogante del plano personal al físico:

"¿Pero qué pasaría con las lágrimas en el Cosmos?".

Entonces, el técnico, visiblemente incómodo ante el tal vez infantil interrogatorio, afirmó:

"Las lágrimas habrían flotado como bolitas y se habrían pegado a los cristales de la estación espacial. Después, los cuarenta ventiladores las habrían llevado al contenedor donde se acumulan las sobras. Así de sencillo".

Krikalev siguió en silencio la explicación del especialista, recordando, tal vez. La conferencia prosiguió. Pero ésa fue la única pregunta que el cosmonauta no respondió.

Once meses antes de la escena citada, el 19 de mayo de 1991, el ingeniero de vuelo Sergei Krikalev, sentado boca arriba en su butaca, aferrado con correas y con la mirada difusa por la humedad de su escafandra, aguarda con nerviosismo la cuenta regresiva que lo impulsaría desde el cosmódromo de Baikonur hacia la estación espacial *Mir*. Ésta era la mayor estructura jamás montada en el espacio por el hombre; el punto más alto de tres décadas de investigación espacial soviética. Estaba con su (hasta entonces) compatriota, el comandante natural de Ucrania, Anatoli Artsebarski, y con la bioquímica británica Helen Sharman, la primera mujer no soviética o estadounidense que ascendía al espacio.

La *Mir* ("Paz", en ruso) era una estructura cuyo módulo principal medía 15 metros de largo y pesaba 89 toneladas. Contaba con otros cinco módulos acoplados, para sumar un total de 400 metros cúbicos de superficie. Estaba en órbita desde febrero de 1986, exactamente un mes después de la tragedia del *Challenger* en cielo americano. Años después, el especialista Gregory Benett admitía:

"Es un logro impresionante. Los rusos la mantuvieron funcionando con una economía tercermundista".

Tenía razón Benett. La *Mir*, esa especie de "rasti" gigantesco, tenía una vida útil estimada en tres años. Pero finalmente permaneció suspendida en el espacio doce años más de lo previsto; o sea, hasta que el 23 de marzo de 2001 fue dirigida para que colisionara contra la atmósfera terrestre y acabara como un show de fuegos artificiales sobre las aguas del Pacífico. Por ella habían pasado 104 cosmonautas de doce países. Uno de ellos es el protagonista de esta historia.

La vida desde lejos

Krikalev, nacido en Leningrado el 27 de agosto de 1958, no acostumbraba demostrar sus emociones en público. Curtido por los riesgos del pilotaje, había integrado el equipo nacional de vuelos acrobáticos y obtenido un campeonato ruso. En 1985, y cumpliendo con su anhelo juvenil, fue seleccionado para entrenar como cosmonauta. El 26 de noviembre de 1988 atravesó por primera vez la atmósfera terrestre a bordo de una nave *Soyuz TM-7,* y habitó la *Mir* durante 151 primeras e inolvidables jornadas. Como un adicto al silencio y a la soledad del espacio, contó cada segundo y se sometió a los más rigurosos entrenamientos hasta que consiguió lo que tanto había esperado: volver allá arriba.

Antes del despegue, repitió religiosamente la decena de supersticiones y rituales que cumplen todos los cosmonautas antes de aventurarse al Cosmos, muchos de ellos basados en rumores y supuestos, nacidos ya en la misión de Yuri Gagarin de 1961. ¿Cuáles eran esos ritos? Firmar la puerta de su habitación en el hotel de Baikonur con un marcador; plantar un árbol junto a una avenida; jugar un partido de billar con la tripulación de reserva; ver la película *El sol blanco del desierto* la noche anterior; escuchar la canción "Travá u doma" (en ruso, "La hierba del hogar") del grupo musical Zemliane; y, la más clásica de todas, bajar del micro que los trasladara hasta la rampa de lanzamiento para orinar contra una de sus ruedas.

Luego de cumplir prolijamente con las actividades tradicionales, el lugar de la superstición o la fe era reemplazado por el de la ciencia. Y esa mañana de mayo, veinte minutos después del despegue, el transbordador *Soyuz TM 14* ya franqueaba el Cosmos en busca del momento adecuado para acoplarse a uno de los módulos de la *Mir,* la estación que orbitaba, cansina, a unos 400 kilómetros de la superficie terrestre.

El plazo total previsto para la misión, que se inició el 18 de mayo de 1991, era de cinco meses. Pero en el transcurso de esos días, muchas cosas habrían de trastocar los planes de todos. Y muy particularmente, los de Sergei.

De hecho, para cuando Krikalev consiguió regresar al planeta, seis meses más tarde de lo estimado, su patria había dejado de existir como tal; el mítico centro de lanzamientos de cohetes enclavado en la estepa de Tyura Tam, mejor conocido como Baikonur (aunque los obreros lo rebautizaron irónicamente como Tyruma Tam, lo que en ruso significa "Prisión allí"), ahora pertenecía a la naciente república independiente de Kazajstán; su sueldo de 600 rublos no alcanzaba ni para comprar un kilo de carne; su ciudad natal ya no se llamaba más Leningrado sino San Petersburgo; su carnet de miembro del Partido Comunista carecía de toda validez porque esa agrupación estaba proscripta; su pequeña hija Olga –recién nacida cuando salió rumbo a la *Mir*– ya había aprendido a caminar y a balbucear las primeras palabras en su ausencia; y el mundo entero observaba con ansiedad cómo él se transformaba en el primer hombre varado en el Cosmos por un país en franco proceso de desintegración, sin la capacidad financiera necesaria para hacerlo regresar a casa.

Durante los 313 días que permaneció en órbita, el cosmonauta fue testigo (y víctima) del colapso soviético. Y lo fue desde una estación espacial que parecía el último refugio habitable de la tecnología más avanzada, esa que había desarrollado una potencia mundial en un radical proceso de autodestrucción.

¿Qué está pasando allá abajo?

¿Cuándo empezaron los problemas para Krikalev?

Es difícil señalarlo con precisión. En concreto, para la fecha del despegue rumbo a la *Mir* seguían avanzando a toda marcha las medidas reformistas impulsadas por la gestión de Mijaíl Gorbachov, al frente del Kremlin desde un par de años atrás. Principalmente, las medidas tendientes a profundizar la apertura política y una mayor pluralidad en la prensa (conocidas con el nombre de *glasnot*), y aquellas otras destinadas a garantizar la coexistencia del otrora omnímodo Estado con una economía mixta.

La Unión Soviética todavía estaba limitada mayoritariamente por el monopolio estatal sobre los medios de producción, pero ahora con una gradual presencia de emprendimientos privados, en la famosa *perestroika*.

Para junio de 1991, en ocasión de las elecciones democráticas que debían definir al presidente del nuevo Parlamento ruso, los cosmonautas debían ejercer su derecho a voto a varios centenares de kilómetros de distancia de su patria. Con ese objetivo se había organizado un dispositivo para que sólo una persona en la base de control fuera informada de las opciones políticas tomadas por los distantes inquilinos en la *Mir*. Así que, mientras Artsebarski votaba a favor del reformista (todavía moderado) Boris Yeltsin, Krikalev prefería abstenerse. Y el cosmonauta habría de justificar con estas palabras su posición prescindente:

"El tomar una decisión sin una buena información se hace objeto de especulaciones, o termina en un intento de obtener ventajas políticas".

Pero cuando en agosto de ese mismo año los noticieros de todo el país difundían la novedad de una masiva avanzada de tanques rumbo a la Plaza Roja, ya no quedaban resquicios para mantenerse indiferente a una realidad que comenzaba a precipitarse. Fracasado el intento de golpe de Estado a las puertas del Kremlin por parte de los sectores más conservadores del Partido Comunista, la KGB y el ejército, y agudizada la peor crisis económica desde los años de la Guerra, ganaron espacio en las calles las posturas rupturistas encabezadas por Yeltsin en Rusia. En el resto de la URSS comenzaron a evidenciar su hegemonía decenas de movimientos nacionalistas, y a manifestarse en la superficie del tejido social viejos y (hasta entonces) reprimidos resentimientos étnicos, particularmente en las repúblicas bálticas y caucásicas.

En cuestión de meses, la recesión se llevó puesta a la "perestroika" y a su utópico anhelo de una transición ordenada rumbo a una economía de libre mercado, que se había pintado con los colores de la idealización por los sectores políticos más urgidos, y que derrumbó a la Unión Soviética como un castillo de naipes sin un solo disparo de por medio.

Evidentemente, la *glasnot* y la *perestroika* habían generado efectos tan inesperados como opuestos a los pretendidos por su principal impulsor, un debilitado Gorbachov que, sin margen político suficiente, ya no tuvo otra salida que renunciar a su cargo en diciembre de aquel convulsionado 1991. Era el final de la Unión Soviética, la disgregación de una federación de 15 estados que ahora exigían su independencia y se enfrentaban a los nuevos dilemas de la época, ya sin el respaldo del gigante comunista.

Un "nuevo orden" nacía en el mundo. Pero lejos de allí, en el espacio, la crisis se manifestaba de diversas y extrañas maneras.

Esto es lo que pasa

Desde el centro de control le anunciaron a la tripulación que se recortarían a sólo nueve las horas del tiempo de comunicación (es decir, durante catorce horas al día, la *Mir* no tendría contacto con la base moscovita), y por una poderosa razón. La flota de barcos que proporcionaba los enlaces satelitales en órbita geoestacionaria desde alta mar ya no podía ser financiada, en virtud de la debacle económica.

Para peor, el ejército ruso advirtió a los responsables del programa espacial que en adelante, si pretendían seguir haciendo uso de sus embarcaciones para controlar la actividad cósmica, debían pagar un oneroso alquiler.

Krikalev transformó ese obstáculo en una ventaja singular. Tanto tiempo sin control de Moscú le significaría más tiempo disponible para desarrollar sus actividades sin ser molestado. Además, podría dedicar más horas a su pasatiempo favorito: comunicarse con los radioaficionados de cualquier lugar del planeta, particularmente con los camioneros –qué otros mejores compañeros de soledades podrían comprender los conflictos de su situación–, gracias a una antena conectada en la nave desde 1988. Ese vínculo de comunicación informal y constante le permitió a Krikalev mantenerse al tanto de los extraordinarios cambios diarios en la URSS durante el colapso.

Habría que señalar el 4 de octubre de 1991 como una fecha también importante, ya que marcaba el día previsto para el arribo de la tripulación de relevo. En cambio, un par de días antes llegó otra noticia. Desde Kaliningrado le explicaban que habían tenido que cancelar el vuelo previsto por escasez de fondos, y que el desahucio financiero había complicado hasta extremos inverosímiles la relación con la flamante república de Kazajstán, sede del centro de lanzamientos de Baikonur, el verdadero corazón del entramado espacial soviético, que ahora exigía un pago altísimo e imponía condiciones para el uso de sus instalaciones.

Una de esas condiciones dio como fruto la incorporación del primer cosmonauta kazajo en la historia, Toktar Aubakirov, en la siguiente expedición espacial. Ésta fue solventada gracias al aporte del tercer tripulante, el científico austríaco Franz Fibek y su generoso maletín con 16 millones de dólares, lo que fue una bendición para las desahuciadas arcas de la tesorería rusa.

El problema en sí era que, si bien la movida diplomática parecía efectiva para garantizar el lanzamiento desde Baikonur a bajo costo, el kazajo no estaba preparado técnicamente para permanecer cinco meses en la *Mir*, así que Krikalev recibió una incómoda propuesta de permanencia. Según admitió luego un sincero subdirector de Misiones Espaciales, Yuri Teplakov:

"Nadie le ordenó permanecer en el espacio, pero la verdad es que tampoco nadie puede decir que aceptó con gusto".

Era en verdad una situación inédita. Un cosmonauta era casi conminado a permanecer en su puesto por la falta de entrenamiento de su relevo.

¿Venta con inquilinos?

Resulta difícil conjeturar qué habría pasado con Teplakov y su cronograma si Krikalev se hubiese negado a permanecer otro período más en órbita, sobre todo después de que Moscú admitiera no contar con fondos para continuar con su plan espacial y que, en verdad, buscaba afanosamente transferir a la NASA el mantenimiento de la estación espacial *Mir* y los laboratorios montados a bordo, un gasto estimado en nada menos que 1 millón de rublos por día. Pero los americanos, viejos zorros rencorosos, tenían otros planes de intervención, y les harían pagar muy caro cada afrenta a sus antiguos archirrivales de la Guerra Fría. Así, simularon escasísimo interés por participar de aquella subasta cósmica desesperada.

Pero al mismo tiempo y pese a la enemistad de siempre, ellos eran conscientes del riesgo que significaría dejar aislada a Rusia en un contexto crítico. Esa decisión, sin duda, empujaría indefectiblemente a la todavía potencia espacial a los brazos de la Unión Europea, y una fusión entre ellos dejaría a Estados Unidos en un inaceptable segundo lugar, a nivel planetario, en materia de exploración espacial.

Desde la *Mir* y ante la posibilidad de negociaciones con Estados Unidos, un Krikalev siempre de buen humor y muy paciente preguntaba al centro de control con un dejo de ironía:

"¿El acuerdo con la NASA nos incluye a los cosmonautas en órbita?".

Un mes antes, el 27 de enero de 1992, el mundo entero conocía la primera protesta en la historia del desarrollo espacial soviético. Los técnicos del centro de control de vuelo de Kaliningrado, en las afueras de Moscú, pegaban pancartas frente a las cámaras de televisión con consignas como: "El Cosmos es nuestro orgullo y nuestro futuro" y "A trabajo cósmico, salarios cósmicos"; y amenazaban con una huelga total en reclamo de mejores sueldos, pues entonces éstos estaban erosionados por la destructiva inflación.

El día elegido para el reclamo sindical no fue una casualidad: en procura del mayor impacto mediático, optaron por manifestarse en el preciso momento del acoplamiento de la nave de carga *Progress M-11*, que llevaba alimentos, combustible y suministros de laboratorio a la *Mir*.

De todos modos y para evitar especulaciones conspirativas o acusaciones desde argumentos chauvinistas, Stella Bugrova, una de los huelguistas, explicó a la prensa:

"Esto es una advertencia, todos somos patriotas y conocemos la importancia de nuestro trabajo. No haremos nada que ponga en peligro la seguridad o la vida de la tripulación. Además, los cosmonautas apoyan nuestros reclamos y están de nuestro lado".

Aquí no hay miel

La incertidumbre dominaba el escenario en Moscú.

La comunidad científica ignoraba si el programa aeroespacial tendría continuidad en 1992, pero mientras tanto se habían paralizado el período de desarrollo del nuevo transbordador ruso *Buran* (diseñado a imagen y semejanza del modelo norteamericano) y el proyecto de enviar sondas de exploración no tripuladas al planeta Marte. Nikolai Semyenov, integrante del Glavkosmos, admitía:

"Tenemos dinero suficiente para poder pagar los salarios del personal, pero nada más. La gran pregunta es qué pasará a finales de año, cuando se hayan agotado todos los suministros".

El funcionario además insistía en que la única fuente fiable de financiamiento internacional para el programa parecía limitada al alquiler de sus lanzaderas de cohetes, o bien a la puesta en venta de plazas para visitar la estación espacial.

La llegada de la nave con provisiones alteró un poco la rígida rutina en la *Mir*, donde el día se dividía en ocho horas de trabajo, ocho horas de ocio y ocho horas de descanso, según la inalterable tradición soviética. Con la *Progress* ensamblada sin problemas, llegaron a bordo cebollas y limones, pero no la miel que el malogrado Krikalev esperaba con tantas ganas desde hacía meses. Había resultado imposible conseguir un tarro de miel en todo Moscú, y el precio del producto en el mercado negro representaba casi la mitad del salario de un técnico de Kaliningrado. Si bien su esposa Yelena había ofrecido un tarro de miel de su propiedad, por razones de tiempo los técnicos no consiguieron prepararlo para el viaje en la *Progress*, y el tarro terminó "extraviado" en algún pasillo de Kaliningrado.

Con la llegada de las provisiones, también arribó una carta destinada a Krikalev, escrita de puño y letra por su amigo, el ex cosmonauta Vladimir Poliakov. En algunas líneas sinceras, éste le sintetizaba el panorama oscuro (y hasta ciertamente desmoralizante) que se vislumbraba en los pasillos del Glavkosmos. La carta, uno de los documentos más crudos de esa transición rusa del pasado soviético decadente al falsamente venturoso futuro capitalista, comenzaba partiendo de lo personal:

"Sentimos no poder enviarte la miel. No es culpa nuestra. Los productores de otras repúblicas han dejado de enviarla. No sabes lo difícil que ha sido hallar los limones que te hemos mandado. No todos en este país ahora pueden tener un limón. Comprendemos tu agotamiento, pero el propio presidente Yeltsin ha prometido tu retorno para el próximo mes de marzo, si bien ya sabes que no podemos confirmar nada... Dicen los psicólogos que tu depresión es debida al hecho de ver los cambios que están pasando en la nación, a que tu sueldo al partir era aún respetable y sin embargo hoy tu mujer ve cómo no alcanza para nada...".

La misiva de Poliakov pasaba luego del frustrado dulzor de la miel a una realidad más ácida que los limones y las cebollas sí enviadas:

"Estamos vendiendo fotografías tomadas desde el Cosmos a los americanos. Ahora sólo se buscan los beneficios comerciales; es decir: divisas. Los directores del programa espacial que aún no se han marchado creen que se hundirá el sistema de satélites de telecomunicación y navegación. Los que se han marchado, varios cosmonautas entre ellos, se dedican ahora a crear sociedades privadas y piensan lanzar ingenios de otros países con los cohetes *Ciclon* y *Zenit*. La mitad de los científicos de Moscú quiere irse, y se cree que un cuarto de millón de especialistas se marchará en dos años. Para evitar que se vayan aquellos que guardan secretos estratégicos, los americanos y europeos van a financiar un proyecto de ciencia y tecnología, pero hay quien no cree que vaya a ser suficiente. El contraespionaje ha detenido a muchos que intentaban vender información secreta a extranjeros. Hasta se dice que la KGB vende sus archivos... ¡a Hollywood! El caso es ganar dinero sin importar que puedan ser acusados de alta traición. Unos dos meses tras la liberalización de precios se han cuadruplicado. El gobierno dice que es la corrupción. Las primeras privatizaciones son un escándalo. Las mafias se apropian de todos los sectores. Tienen de todo y controlan todo, desde drogas y armas hasta el comercio de las naranjas o el caviar. Con ello te darás una idea de cómo está nuestra economía. Disculpa que te cuente las preocupaciones de tus compatriotas, pero hay muchas amenazas y miedo a un golpe o estallido social".

Solos y del revés

Semejante panorama generaba en los cosmonautas de la *Mir* una extraña mezcla de impotencia y desazón. Pero a la vez eran conscientes de la necesidad de seguir adelante con su rutina, y no perder los estribos ante un escenario que observaban a miles de kilómetros de distancia, sin terminar de comprenderlo del todo. De modo que Krikalev y su nuevo compañero de desventura, Alexander Volkov, siguieron con el ritmo diario de dos horas de ejercicio obligatorio; una hora de bicicleta y otra de caminar sobre una cinta, siempre amarrados al suelo por elásticos, para ejercer presión. Era necesario evitar la atrofia de los huesos, ya que las estimaciones médicas señalan que, por cada mes en situación de ingravidez, el cuerpo humano pierde un 10 por ciento de masa muscular y un 1 por ciento de masa ósea.

En los ratos libres, además de su obligado paso por la radio en busca de oídos atentos en aquel ahora lejano planeta azul, Krikalev leía libros o buscaba alguna película policial. No faltó su comentario sarcástico cuando encontró en la videoteca de la *Mir* el film *48 horas* Algún técnico con escaso tacto la había dejado a bordo, pues la película narraba nada menos que las desventuras de una pareja de cosmonautas, condenados a morir en dos días.

De todos modos, el pasatiempo favorito de Sergei siempre fue mirar por las ventanillas. Desde allí, pese a la acumulación de hongos mutantes y de fango espacial, se podía divisar el espectáculo de los pozos petroleros de Kuwait ardiendo por el fuego, las luces de Las Vegas o las pirámides de Egipto. En la *Mir*, no había arriba ni abajo, no existían ni el sentido vertical ni el horizontal. Tiempo después, Krikalev graficaría ese particular estado así:

"En el momento en que no hay gravedad que empuje tu sangre hacia tus pies, vives algo similar a lo que ocurre cuando te cuelgan cabeza abajo. Es como cuando te caes de un árbol; la ingravidez es esa sensación que se produce durante ese breve lapso. Un sentimiento bastante extraño, por cierto".

El día y la noche se sucedían cada tres cuartos de hora, durante las 17 vueltas diarias a nuestro planeta. Para descansar, los cosmonautas debían atar sus bolsas de dormir a las paredes, evitando así tanto flotar a la deriva como golpearse con cualquier cosa durante el sueño reparador. Nada era cómodo, ni habitual, ni prometedor, desde luego.

Fuera del presente, sólo Coca-Cola

Lo cierto es que, pasados los meses, la nave era, aun a la vista de un observador ajeno al desastre general, un absoluto caos. A las habituales filtraciones, abolladuras y apagones cotidianos, se sumaba ahora un desorden extraordinario.

Trastos viejos flotaban por cualquier sector, cables interminables sobresalían y se entrecruzaban con herramientas y equipos en desuso, y hasta un módulo diseñado para estudios de astrofísica era utilizado por la tripulación como depósito de equipos en desuso y desperdicios varios. Cada día que pasaba, el grado de improvisación se multiplicaba. Sin contacto ni control, había que exprimir ingenio e instintos para resolver los problemas cotidianos.

Cada una de esas imágenes fue registrada por la cámara del cineasta rumano Andrei Ujica, quien después de la edición difundiría los secretos de aquella misión en su extraordinaria película documental *Out of the Present*, donde Krikalev se roba el protagonismo en cada escena. Allí, siempre con una sonrisa entre labios, Sergei y Alexander se cortan el pelo uno a otro en la ingravidez, en un momento de pausa; cabalgan sobre un contenedor vacío; atraviesan los pasillos de la *Mir* como si fueran nadadores en un mar de algas; festejan como dos chicos la llegada de latas de Coca-Cola, evidente fruto de un acuerdo comercial que se firmó muy lejos del Cosmos, para que la gaseosa americana fuera emparentada con los viajeros del espacio.

Para quienes pretendan conocer de verdad cómo es un día de trabajo en una estación orbital, la propuesta de *Out of the Present* es una excelente opción, pues da la ocasión de seguir el día a día de una exploración singular, en la también singular historia de la exploración espacial.

Caen salarios y banderas

Krikalev recién asumió la gravedad de sus problemas cuando se comunicó con su esposa, Yelena. Ésta primero le brindó algunos simpáticos comentarios a su marido en órbita: "Quizá cuando regreses tu hija ya no recuerde tu rostro...".

Claro que su media sonrisa dejaba traslucir un poco de ironía y otra poco de molestia. Pero no era todo, pues luego pasó a ponerlo al tanto del desesperante escenario económico familiar, motivado por la estrepitosa devaluación del rublo, con frases como: "Sergei, el sueldo no nos alcanza para vivir".

El pobre Krikalev escuchaba los reproches caseros de Yelena absorto, sin poder hacer nada, deambulando a centenares de kilómetros de distancia, dando 17 vueltas al día alrededor del planeta y sin ninguna certeza acerca de su fecha de regreso. La verdad era que el salario del cosmonauta, años atrás considerado uno de los oficios más prestigiosos y respetados por la Nomenklatura (la elite de funcionarios y hombres públicos) soviética, en esos días había descendido hasta llevarlo por debajo del umbral de la pobreza. Un sueldo mensual de 600 rublos, que representaba una suma considerable un año atrás, ahora se igualaba con el del personal de limpieza; era un poco menos que el de un taxista de Moscú y exactamente la mitad de lo que ganaban, por ejemplo, los mineros de Kuzbass.

Uno de los integrantes del equipo de pilotos preparado para viajar al espacio, quien no podía salir de su asombro al comparar las cifras salariales rusas que ganaban sus colegas astronautas estadounidenses por hacer exactamente el mismo trabajo, graficaba esa situación:

"Cuando los aspirantes a cosmonautas vienen a pedir información y se enteran de que tendrán el sueldo de un simple ingeniero, renuncian de inmediato".

Entre tanto, las cosas en Moscú no hacían otra cosa más que empeorar. El 25 de diciembre de 1991, la bandera roja con la hoz y el martillo era arriada del Kremlin por última vez y en su reemplazo se izaba la rusa tricolor, de herencia zarista. De hecho, la última bandera soviética en permanecer ondeando en territorio soviético fue la que se encontraba en la *Mir*, que permaneció en el extremo de la extensa viga Sofora hasta su caída definitiva en la atmósfera terrestre, el 23 de marzo de 2001.

Krikalev y Artsebarski habían encarado una caminata espacial (en realidad, su nombre técnico es EVA, sigla de "actividad extravehicular") de seis horas de duración apenas cinco meses antes, para extender totalmente la dañada viga que equivalía a un edificio de cinco pisos, e instalar en el extremo la bandera bolchevique, en una operación que demandó no pocos esfuerzos y hasta algún susto en el trayecto. La escafandra de Artsebarski se había cubierto de humedad por una falla térmica en su traje, y debió buscar a la escotilla casi a ciegas.

También en la sede del nuevo gobierno ruso, Boris Yeltsin, ahora el hombre fuerte de la transformación, anunciaba un plan de ajuste que contemplaba el fin del financiamiento de ochenta ministerios y atacaba con dureza el gasto espacial, viejo símbolo del poderío soviético, ahora señalado como un bolsillo roto que se consumía el dinero de los trabajadores rusos.

Era tal el caos que dominaba los estamentos del Estado, que cuando la prensa indagó acerca de quién dirigía ahora el antiguo programa espacial soviético, el técnico titular de la empresa Energiya, Sergei Gremov, tuvo que admitir: "En ocasiones, no lo tenemos claro".

Sálvese quien pueda

La proyección no parecía nada venturosa para aquel hombre olvidado en el Cosmos. Mientras, el cantante irlandés Bono le dedicaba un recital de *U2* en el escenario, el filósofo español Fernando Savater bautizaba con su nombre una ponencia durante un coloquio en México DF, y el cantautor cubano Silvio Rodríguez componía la citada canción llamada "Casiopea", inspirada en su dramático derrotero. Pero los diarios rusos ya no seguían con tanto interés sus padecimientos, y preferían ocupar sus páginas con la supuesta "fuga de cerebros" hacia el exterior de unos tres mil científicos e ingenieros nucleares, portadores de datos más que sensibles.

Los secretos de Estado que emigraban encarnados en miles de ciudadanos implicaban también las 27 mil ojivas nucleares de la otrora poderos URSS. "El sistema actual, indirectamente, anima a la gente a viajar al exterior", admitía Sergei Nedospasov, entonces integrante del Instituto Engelhardt de Biología Molecular. El científico Vitaly Ginzburg no podía salir de su asombro tras recorrer las instalaciones en ruinas del Instituto Lebedev de Física, prestigioso núcleo científico que ganó para la Unión Soviética nada menos que cinco premios Nobel. Pero la desazón no era sólo interna.

El miedo cundía en Europa por lo que pudiera llegar a suceder en bases nucleares como la de Cheliabinsk 70, una ciudad secreta en los Urales dedicada a la experimentación atómica y a la manipulación de uranio y plutonio enriquecido. Boris Murashkin, un científico referente del Sindicato de Diseñadores de Cargas Nucleares que, como consecuencia del derrumbe, pasó a cobrar un salario equivalente a los 23 dólares, intentaba serenar los ánimos:

"Ningún científico de mi nivel, y los conozco a todos, ha huido de Cheliabinsk 70 para irse al extranjero. Sobre los de Arzamas 16 [otra base atómica, situada en las afueras de

Moscú] he oído que uno de ellos pasó a Rumania, pero no lo sé con seguridad".

Sin embargo, el mismo Murashkin aclaraba ante los micrófonos que la situación podía llegar a complicarse en el corto plazo si no se tomaban decisiones de fondo:

"No se nos puede poner contra la pared, porque cuando alguien está contra la pared puede dejarse llevar por un mal impulso".

El colapso había alcanzado particularmente a la agencia espacial.

En el Glavkosmos trabajaban unos 4.500 empleados calificados, una multitud que ahora padecía la incertidumbre de verse encerrada en un laberinto sin salida, viendo cómo sus salarios equivalían al valor de tres kilos de embutido ("En este país los científicos estamos acostumbrados a ganar lo mismo que un conductor del metro", explicaba el profesor Andrei Gagarinsky), y sin poder emigrar al extranjero por una cláusula contractual que les impedía abandonar la investigación durante cincuenta años. Un reflexivo profesor, Vyacheslav Balebano, confesaba:

"El futuro es incierto, pero no sólo para la investigación espacial, sino para todo el país. Nadie se atreve a pronosticar qué sucederá el año próximo. No somos unos privilegiados, como muchos creen".

Poco tiempo más tarde, la rapiña haría estragos en los galpones del Glavkosmos. En 1993, la casa Sotheby's llegó a subastar más de dos centenares de reliquias tecnológicas del pasado soviético, desde una cápsula *Soyuz* antigua, pasando por un traje de entrenamiento del mismísimo Yuri Gagarin, hasta un telegrama de felicitación de Nikita Kruschev destinado al primer hombre en completar una órbita espacial.

En mayo de 2001 la casa neoyorquina Christie's llegó a subastar el envase de cristal que el pionero Gagarin utilizaba para tomar café con leche en su nave espacial *Vostok*, con un precio de salida de 4 mil dólares. Lo que se dice una oferta irresistible.

Solo, olvidado, íntegro

Los que sí seguían con preocupación el estado de ánimo de los cosmonautas varados en la *Mir* eran los miembros del equipo psiquiátrico encabezado por Alexander Slyed, encargado de analizar a la tripulación, en particular a Sergei, que sumaba casi un año en órbita y que generaba no pocas dudas respecto de su salud mental. Según Slyed:

"Nuestro trabajo es hablar por radio con los hombres en la *Mir*, y escuchar todas las conversaciones a bordo de la estación en órbita. Cuando notamos que algo anda mal, que la tensión está aumentando más allá de los límites estipulados, podemos mantener conversaciones secretas con nuestros pacientes en busca de alguna conclusión".

En el caso de Krikalev, la luz de alerta se encendió en una ocasión en que, ante el enésimo anuncio de problemas en el procedimiento por fallas técnicas, el cosmonauta guardó silencio y respondió como un autómata: "Comienzo con las operaciones concordadas...".

En definitiva, ¿qué otra cosa querían que dijera el pobre Krikalev?

La prensa occidental aprovechó la ocasión para cobrarles viejas facturas a los soviéticos, al deslizar en cada artículo periodístico la posibilidad de un escandaloso epílogo para la aventura espacial del náufrago si se producía algún desequilibrio mental en el hombre que se había transformado en un símbolo vivo del colapso socialista. Anticipándose, un editorialista estadounidense llegó a conjeturar:

"La locura puede ser el corolario no deseado de los últimos representantes en el espacio del imperio soviético".

Desde la *Mir,* Krikalev respondía indignado:

"No tenemos tiempo de aburrirnos y nos producen risa las informaciones difundidas según las cuales sentiríamos nostalgia".

Ulises vuelve a casa

Una tarde como cualquier otra, Sergei recibió la noticia esperada: el 25 de marzo de 1992 arribaría a la *Mir* la misión de rescate, financiada por los oportunos 28 millones de dólares que Alemania (ahora unificada) depositaba en la tesorería del Kremlin para comprarle una plaza a Klaus-Dietrich Flade en la *Soyuz.*

Apenas media hora demoró en aterrizar sobre las heladas estepas kazajas el módulo que trajo a un pálido Sergei de regreso a un mundo muy diferente. Segundos después de pisar tierra firme, el cosmonauta percibió en carne propia que los cambios de los que tanto había escuchado en órbita, no eran tan superficiales como suponía: un par de empleados se desvivían por tapar con parches los símbolos de la ex Unión Soviética que aún permanecían adheridos a su uniforme espacial.

Sergei, por fin, después de 313 días de incertidumbre, estaba de regreso.

¿Qué habrá pensado en ese momento, en el preciso instante en que volvió a sentir el peso de la gravedad sobre su cuerpo, en esos primeros, interminables segundos en que sus piernas débiles temblaron como las patas de un ternero recién nacido y se quitó la escafandra para respirar un poco de aire puro?

¿Habrá recordado en esa ocasión las noches breves frente al ojo de buey en la nave, el murmullo rutinario de las máquinas, el fulgor celeste marcando el perfil de ese planeta lejano donde reinaba el caos?

Quién sabe, acaso, si en ese momento único algunas bolitas de cristal no se habrán desprendido de sus ojos cansados de nostalgia. Lágrimas, una, dos, varias, como estrellas mínimas orbitando alrededor del solitario cosmonauta, girando alrededor de sus miedos y pesares, volando cerca de su soledad perfecta, su entrañable recuerdo de aquel círculo luminoso que era todo su mundo.

Poco después de su aterrizaje, como intentando sacarse de encima tanta especulación política, relativizó:

"No fue para tanto; el tema político es asunto de los periodistas. He vivido en Rusia mientras las repúblicas permanecían unidas a la Unión Soviética, y ahora regreso a una Rusia que está unida a la Comunidad de Estados Independientes (CEI), así que el cambio no ha sido tan grande. A nivel humano, no fue tan distinto. La misma gente que me despidió es la que me recibió al regresar".

Y luego, casi filosofando, sentenció con razón:

"Lo que desde arriba no se ven son las fronteras".

Después del proceso de rehabilitación, del tiempo compartido con su familia, Krikalev no pudo con su genio y volvió a las andadas. Su lugar no estaba aquí, con nosotros, sino allá arriba. Intentando fundamentar su impulso viajero ante miradas azoradas, él explicaba:

"El objetivo es el mismo de siempre: seguir volando. Para seguir adquiriendo experiencia, para continuar con algunos experimentos, para seguir sumando datos. No vamos a permanecer en la Tierra para siempre, lo sabemos. Vamos a tener que viajar. Y cada vuelo reúne datos sobre el comportamiento del cuerpo humano en un medio ambiente de ingravidez".

El escritor mexicano Juan Villoro fue el primero en mencionar su caso, en compararlo con el de muchos inmigrantes de los países industrializados y referirse al llamado "Síndrome de Ulises", esa extraña enfermedad psicológica que aqueja a algunos viajeros que no pueden contener el impuso nómada, que eligen de buen grado transformarse en desterrados y que se alejan no con tristeza sino con felicidad del mundo que conocen, en busca de alguna aventura. Escribió Villoro:

"Los Ulises no tienen ideas suicidas ni son apáticos. Continúan mientras van cayéndoles las lágrimas, luchan para no ahogarse, sobreviven a los naufragios".

Patológico ejemplo del "Síndrome de Ulises", Krikalev fue el primer ruso en pilotear un transbordador de la NASA (el *Discovery*) en una misión conjunta con Estados Unidos en 1994 –después de entrenar durante un año en Houston y de aprender con esfuerzo algunos rudimentos del inglés para comunicarse–, y uno de los primeros huéspedes en la Estación Espacial Internacional (ISS), el módulo espacial que vino a reemplazar a la veterana *Mir*.

Todo un (o apenas) ser humano

Finalmente, después de tanto viaje, Sergei se hizo acreedor del record de permanencia en el espacio, con un total de 803 días, 9 horas y 39 minutos en órbita. Hoy, con la humildad de siempre, minimiza el tema de los peligros de cada misión y señala:

"Nos arriesgamos todos los días. Sales a la calle y te puede atropellar un auto. Pero cuando salimos a la calle lo hacemos porque pensamos que el riesgo es aceptable. Lo mismo se aplica a los cohetes. Hay un riesgo que debemos mitigar, pero cada uno decide por sí mismo si es razonable asumirlo. Sentarse al calor de la hoguera y no salir de la cueva es sencillo, pero lo que nos diferencia de los animales es que nosotros queremos salir y ver qué pasa allá afuera. Arriesgar nuestra vida y nuestra salud en el espacio es propio del ser humano".

Hoy Krikalev, condecorado con la Orden de Lenin, con el título de Héroe de Rusia y con la orden de la Legión de Honor francesa, es un hombre clave en el desarrollo de la pujante industria espacial rusa. Es vicepresidente de la compañía Energya, matriz del programa *Soyuz*, pero seguramente nunca olvidará sus días en la estación espacial. En una ocasión, divertido, respondió a una pregunta sobre si alguna vez, durante su larga estancia espacial, había advertido algún indicio de vida extraterrestre:

"La verdad, en la *Mir* tenía momentos en los que suspiraba por ver a alguien, fuera rojo, verde o del color que fuera".

Lo cierto es que, en aquellos meses de naufragio, varado en medio de la oscuridad del Cosmos, solitario y melancólico, habrá buscado muchas veces con la vista el contorno azul de su planeta.

Entonces, la Tierra, en las ventanas de esa lata cósmica de 85 toneladas, no parecería otra cosa que una nebulosa piedra en mitad de sus ojos húmedos, una piedra turbia por esas lágrimas voladoras que confundían el lugar donde tal vez lo esperaban. Pese a que, en algún momento, había llegado a temer que se hubiesen olvidado de él. Para siempre.

Capítulo 2

De Neluybov a Ilyushin

Fantasmas espaciales

"Todos estaban solos. Sus voces se habían desvanecido como los ecos de palabras divinas vibrando en el cielo estrellado. El capitán marchaba hacia el Sol. Stone se alejaba entre la nube de meteoritos y Stimson, encerrado en sí mismo. Applegate iba hacia Plutón... Los restos del calidoscopio, las piezas de lo que otrora fue algo coherente, se esparcían por el espacio...".

Fragmento de "Caleidoscopio", cuento de Ray Bradbury
que narra los últimos segundos de unos astronautas
perdidos en el Cosmos.

Dos axiomas rodean desde siempre los misterios del programa espacial soviético. Uno, que la censura y el secretismo casi siempre generan un efecto contraproducente: el de multiplicar los mitos y leyendas basados en rumores y ocurrencias varias ante la ausencia de información veraz. Dos, que para muchos fabulistas y "conspiranoicos" interesados en el pasado oscuro de la Unión Soviética, casi siempre la verdad de los hechos resulta apenas un obstáculo menor a la hora de inventar una buena historia, atractiva y con impacto seguro en los medios de comunicación.

De modo que durante varias décadas y hasta el progresivo deshielo que motorizó Mijaíl Gorbachov desde el Kremlin, la prensa occidental hizo uso y abuso de centenares de trascendidos nada oficiales y datos poco científicos, como parte de la batalla propagandística cotidiana que se disputaba entonces en el marco de la Guerra Fría a nivel global.

Cosmonautas abandonados en el espacio, misiones tripuladas que fracasaban a mitad de camino, registros documentales borrados para evitar incómodas explicaciones, pioneros que en realidad eran farsantes y oportunistas, mártires olvidados en los márgenes de la historia por razones políticas, conversaciones en el Cosmos escuchadas por ignotos radioaficionados con logística artesanal y tantos otros rumores se expandieron en esos años de avance tecnológico y confrontación ideológica.

La mayoría de ellos, es verdad, eran infundados, carentes del menor rigor científico, y algunos directamente descabellados y absurdos. Pero, más allá de la imaginación sin límite de los fabuladores del otro lado de la Cortina de Hierro, no deja de ser cierto que no había caldo de cultivo mejor para incentivar esas inverosímiles historias que la rigidez informativa que imperaba en el campo socialista.

Ausencias rumorosas

Una punta del ovillo para comenzar a comprender la sucesión de leyendas puede ser una simple fotografía. Tomada en mayo de 1961 –es decir, apenas un mes más tarde del primer vuelo orbital de un hombre, privilegio a cargo del joven Yuri Gagarin–, en el centro de entrenamiento de cosmonautas de la turística ciudad de Sochi, a orillas del Mar Negro, veintidós hombres de todas las repúblicas soviéticas posaban para una foto que habría de catapultarlos a la inmortalidad.

Entre esos veintidós hombres, además de los del propio Gagarin, de Sergei Korolev –el padre de la cosmonáutica soviética– y del director del centro de entrenamiento, Yevgueny Karpov, asoman los rostros de los pilotos casi adolescentes que forman parte del primer y selecto grupo de cosmonautas elegidos en el origen del pujante programa espacial. Pero la imagen, difundida en la década del setenta por la historiografía oficial soviética, presenta algunos claros llamativos en la formación.

Algunos años más tarde, atentos estudiosos estadounidenses del programa soviético, como Rex Hall y James Oberg, confirmarían aquello que pretendía disimular la foto original: que había sido intervenida y trucada por las tijeras de la censura. Al parecer, esa vieja tradición de la propaganda stalinista proseguía. En los años treinta había borrado de cada imagen y documento relacionados con la revolución la figura del demonizado León Trotsky y del resto de los hombres del Partido caídos en desagracia en sucesivas purgas. El intento de manipular la lectura de la Historia de las sucesivas generaciones había hecho escuela en la siguiente gestión (presuntamente, crítica de Stalin) a cargo de Nikita Kruschev, y los frutos estaban a la vista.

Cotejando la foto original con la imagen retocada y difundida por la prensa para graficar aquel equipo originario, en el que formaban parte Gagarin y Gherman Titov, entre otros tantos cosmonautas que luego participarían de varias misiones espaciales, verificaron que se habían borrado con técnicas de vanguardia a seis aspirantes del mismo programa: Grigori Nelyubov, Iván Anikeyev, Valentin Filatyev, Mars Rafikov, Dimitri Zaykin y el instructor de paracaidismo Nikolai Nikitin. El gran interrogante que despertaban estas desapariciones fue el que motorizó una de las más absurdas sagas de inventos y fábulas, a cargo de advenedizos en materia espacial o propagandistas consumados, evidentemente recelosos de los enormes avances soviéticos en cuestiones cosmonáuticas.

Si los éxitos de los comunistas con sus naves espaciales no podían pasar inadvertidos o ser refutados por los analistas estadounidenses como farsas de la propaganda de Kruschev, algunos personajes de tercer orden se encargarían de sembrar la cadena de rumores maliciosos más inverosímil de la Historia.

Lo curioso, en todo caso, es que los "borrados" en las fotos oficiales no ocultaban trágicas muertes en secretas misiones espaciales, como intentaban probar sin suerte los "conspiranoicos", sino mínimos accidentes domésticos, enfermedades y algunos actos de indisciplina que los fueron dejando fuera de competencia y que, al parecer, no los hicieron merecedores de compartir la importancia histórica y estratégica de aquella foto de pioneros.

Nunca es triste la verdad...

La verdad siempre es mucho más mundana, más pedestre que la ilusión, y lo fue al menos en el caso de Grigori Nelyubov. Hay quienes señalan que Nelyubov era el piloto que más se había destacado del selecto grupo "*Sochi Six*", los últimos aspirantes que, a inicios de 1961, se disputaban el privilegio de ocupar la butaca del primer vuelo orbital tripulado de la historia de la Humanidad.

Pero más allá de sus excelentes calificaciones en los exámenes teóricos y su innegable aptitud para soportar con firmeza el exigente entrenamiento físico al que fueron sometidos los seis finalistas durante varios meses, a Nelyubov le faltaba algo para ser el elegido. Algo intangible: la simpatía de sus camaradas.

Arrogante y orgulloso, hasta un poco irreverente ante las autoridades en determinadas actitudes, Nelyubov fue perdiendo posiciones a la hora de determinar el nombre del primer cosmonauta soviético, en contraste con Gherman Titov y, particularmente, con el simpático y carismático Yuri Gagarin. Finalmente, la elección recayó en éste como número uno, y en Titov como primer suplente. Nelyubov fue segundo sustituto, casi sin chance alguna de formar parte activa de la histórica misión.

La noticia debió haber sido una puñalada para el orgullo de Nelyubov, poco propenso a asumir con dignidad esa derrota, muy posiblemente determinada menos por una inferioridad técnica o física que por una cuestión tan subjetiva como el carisma de su principal competidor. Sin embargo y como mínimo consuelo, ese tercer peldaño en la cadena de cosmonautas le permitía tener casi garantizado el privilegio de participar de alguna misión espacial posterior. O al menos, eso él suponía.

Digerido ya el mal trago, la inédita repercusión mundial de la hazaña de Gagarin terminó por incrementar su fastidio. Suponía que, con un poco más de consideración de sus superiores, él podría haber ocupado ese lugar en los títulos de todos los matutinos del planeta. Quizá en un intento de quitarse el lastre de encima, o en procura de un mínimo momento de distensión del riguroso entrenamiento cotidiano, Nelyubov invitó a otros dos colegas, Iván Anikeyev y Valentin Filatyev, a visitar un bar moscovita para tomarse un par de copas. Y así lo hicieron en la noche del 27 de marzo de 1963.

Ninguno de los tres podía imaginarse que aquella inocente salida distractiva terminaría por sepultar sus aspiraciones de viajar al Cosmos. El caso es que Nelyubov y sus compañeros se entusiasmaron con el vodka y, para cuando buscaron la salida del bar, verificaron que el alcohol había hecho demasiado efecto en sus cuerpos cansados. Aun así debían abandonar el lugar, como pudieran.

En el frío de la noche se cruzaron por accidente con una patrulla del Ejército Rojo, que los detuvo para indagar las razones de su comportamiento festivo a esas horas de la madrugada. El encuentro fue creciendo en tensión, con bastante mala suerte. Los tres cosmonautas no tenían encima credencial alguna que los identificara como integrantes del (ya por entonces) prestigioso programa espacial. La consecuencia del alcohol, la jarana callejera y el olvido de las credenciales fue su arresto y detención en el oscuro calabozo de una comisaría de Moscú. Después, la única alternativa era esperar pacientemente que la noticia llegara a oídos de las autoridades del centro de entrenamiento.

Así sucedió a la mañana siguiente, y sus responsables se reunieron con los soldados y negociaron la libertad de los tres cosmonautas a cambio de una mínima y, al parecer, ventajosa condición: uno de los integrantes de la patrulla exigía, simplemente, una sincera disculpa por el comportamiento prepotente de los cosmonautas. Informados del reclamo formal, los buenos de Anikeyev y Filatyev aceptaron de inmediato, presurosos por superar un incidente vergonzoso que podía resultarles caro para el futuro de su carrera. El que se negó terminantemente a pedir disculpas fue Grigori Nelyubov.

Fiel a su carácter arrogante e irreverente, el cosmonauta no aceptaba rebajarse ante un modesto soldado para disculparse; su comportamiento, en todo caso, no podía suponer tal gesto de contrición. Otra vez el orgullo le jugaba una mala pasada y, por carácter transitivo, también a los dos camaradas de Nelyubov.

Anoticiado del episodio nocturno el general responsable del entrenamiento, Nikolai Kamanin, expulsó a los tres cosmonautas del cuerpo, en una sanción tan lapidaria como ejemplificadora.

El único fundamento de su decisión fue que el comportamiento de los tres los había hecho indignos de pertenecer al elitista grupo de cosmonautas que habrían de posicionar a la Unión Soviética a la vanguardia mundial de las exploraciones espaciales. Y el siguiente paso de las autoridades fue eliminar cualquier vestigio del paso de Nelyubov, Anikeyev y Filatyev del centro de entrenamiento espacial. Y si eso significaba tener que borrar sus rostros de la foto general de los pilotos, pues alguien se encargaría de retocar ese documento gráfico con la precisión suficiente para que la manipulación pasara inadvertida.

Sin chance alguna de protestar la sentencia, los tres malogrados cosmonautas fueron degradados al rol de simples pilotos de la Fuerza Aérea, y además destinados al poco tentador destino de Siberia.

Filatyev siguió integrando la fuerza hasta su retiro; pasó a ser profesor y lo sorprendió la muerte anónima en 1990, a los 60 años. Su colega Anikeyev moriría, envuelto en un silencio similar, en 1992 y a los 57 años.

Ninguno de los dos consiguió retornar nunca a actividad alguna vinculada con el programa espacial, pese a los varios intentos por obtener alguna mínima compensación por un desliz juvenil que el tiempo sepultaría en el rincón de las nimiedades históricas.

De hecho, sus nombres y rostros permanecieron en la oscuridad hasta que en 1986 se reveló esta triste historia, a partir de la investigación del periodista moscovita Yaroslav Golovanov para la revista *Izvestzya*.

Sueños cósmicos, destinos terrenales

En el caso de Nelyubov, su destino fue un escuadrón de intercepción en Vladivostok, donde durante meses tuvo que padecer la frustración de ver cómo su sueño de toda la vida se había hecho añicos cuando parecía tan cerca, y por una injusticia. Para colmo de males, tampoco sus colegas pilotos daban demasiado crédito al supuesto paso de Nelyubov por el programa espacial. No sólo dudaban de su relato; lo marginaban por mentiroso.

Nelyubov podía seguir en las noticias cómo muchos de sus antiguos compañeros de entrenamiento en Sochi viajaban al Cosmos en misiones consecutivas, celebradas por la prensa con tanto énfasis como el de una guerra ganada, mientras él se resignaba a pilotear aviones caza por los cielos blancos de Siberia. En algunos casos, cosmonautas con menor puntaje y con probada menor capacidad que la demostrada por él mismo meses atrás, tenían la dorada oportunidad que ese error le había arrebatado para siempre.

Era demasiado daño para el herido orgullo de Nelyubov. Deprimido y abrazado al alcohol como último refugio, el 16 de febrero de 1966 se sentó en las vías del tren cercanas a la estación de Ippolitovka, al noroeste de Vladivostok. Quizá recién entonces, segundos antes de ser arrollado por una locomotora, alcanzó a levantar su mirada hacia el cielo oscuro, hacia el Cosmos que había sido su máximo anhelo durante toda su vida.

También muy lejos de las teorías conspirativas desperdigadas en Occidente (de hecho, ninguno de los seis "borrados" de la foto alcanzó nunca a volar al espacio, por lo que se hace aun más absurda la conjetura de su muerte en misiones orbitales), la suerte de los otros tres "desaparecidos" de la foto histórica de Sochi también se caracteriza por la vulgaridad de sus razones. Mars Rafikov atravesó un proceso de exclusión similar al de Nelyubov, al verse envuelto en un incidente por una serie de "ofensas al cuerpo". Al parecer, participó de una pelea de borrachos en un bar, en estado de ebriedad, y a ese episodio se le sumó su fama de mujeriego. Demasiado como para evitar la expulsión del cuerpo de cosmonautas, que se dio el 24 de marzo de 1962.

El caso de Dimitri Zaykin es aun menos imaginativo. El cosmonauta incluso llegaría a ser seleccionado como sustituto para la misión *Vostok 2*, y a ser candidato firme para una siguiente misión que finalmente fue suspendida. Su epílogo se debió, ni más ni menos, que a problemas generados por una úlcera estomacal, que lo dejó fuera de carrera en 1968 y que, al parecer, fue motivo suficiente para quitarle el lugar en la histórica foto de Sochi.

Por último, Nikolai Nikitin resultó herido durante uno de sus saltos en paracaídas, acontecimiento que para la sensible censura del Kremlin debió parecer un vergonzoso accidente, y que también le valió su desaparición fotográfica y la negación de su paso por el equipo de cosmonautas de 1961.

El inicio de la *glasnot* en la Unión Soviética de 1985 permitió la apertura de algunos archivos secretos, y una mayor libertad de prensa para los periodistas de todo el país. Éstos, después de algunas interesantes investigaciones, lograron dilucidar la verdad (por supuesto que no toda) detrás de varias capas de bruma, mitos y leyendas alrededor del programa espacial.

Esa bruma era generada, a decir verdad, por la fábrica de humo anticomunista que encendieron los estadounidenses muchos años antes, aprovechando el celo del secretismo soviético y procurando desacreditar los rotundos éxitos de su histórico archirrival en materia de conquista del espacio. La guerra también se libraba en el campo de los rumores y la desacreditación.

Pero además las tinieblas fueron generadas por el ocultamiento y la paranoia del Kremlin, que tapó la verdad de los hechos suponiendo que admitirla generaría una oleada difamatoria sobre su trabajo en la industria espacial.

Miente, miente, que algo quedará

Repasemos algunas de estas simpáticas leyendas para después cotejarlas, una vez más, con la (casi siempre) decepcionante realidad. Cierto es que la de Vladimir Ilyushin, sindicado como el verdadero pionero en llegar al espacio, asoma como la más fundamentada de una extensa lista de fábulas absurdas, risueñas e incomprobables. La única solidez de esta historia radica en que Ilyushin verdaderamente existió.

Nacido en marzo de 1927, Vladimir era hijo de un prestigioso diseñador de aviones. Se desempeñaba como piloto de pruebas, y había obtenido durante su carrera de aviador algunas condecoraciones oficiales, hasta su retiro a mediados de los años ochenta. El mito a su alrededor nació el 11 de abril de 1961, cuando el corresponsal del periódico *Daily Worker* en Moscú, Dennis Ogden, reveló un trascendido.

Al parecer, el 7 de abril de ese año (¡cinco días antes que Yuri Gagarin completara una órbita terrestre!) un cosmonauta de identidad reservada había atravesado la atmósfera y orbitado tres veces alrededor del planeta en la nave *Rossiya*. Pero, por razones desconocidas, las autoridades soviéticas habían decidido mantener oculta la novedad. Una semana más tarde, el corresponsal francés en la capital soviética sumó nuevos rumores sin aportar una sola fuente fiable, y hasta determinó que el nombre del cosmonauta silenciado era el de Vladimir Ilyushin.

¿Por qué razón los soviéticos no habrían difundido la noticia del vuelo orbital de aquel anónimo hombre?

¿Por qué habrían decidido que fuera Gagarin quien se quedara con todo el crédito de ser el primer hombre en el Cosmos, cuando la verdad era otra bien diferente?

Con el tiempo, desde Estados Unidos llegarían algunas respuestas, tan poco documentadas como las primeras informaciones surgidas alrededor de Ilyushin, mientras que desde Moscú se refutaba tímidamente la hipótesis al afirmar que, para el momento indicado del supuesto vuelo, el piloto en cuestión en realidad estaba en China, recibiendo tratamiento médico a causa de un accidente automovilístico.

Para el *US News and World Report*, los asesores del Kremlin habían optado por silenciar la hazaña de Ilyushin por su estado mental desequilibrado tras el viaje, pero no fue sino hasta 1990 que el rumor recobró vigencia. Entonces, un periodista húngaro de nombre Isztvan Nemeri publicó el libro *Gagarin, una mentira espacial*, en el que añade detalles decisivos sobre la misión mencionada.

En ese sentido, el húngaro señala que durante el aterrizaje de emergencia de Iluyshin se presentaron algunas fallas de coordinación durante el reingreso orbital, y la nave terminó descendiendo en territorio chino, por lo que el cosmonauta terminó en manos de los militares maoístas y fue hospitalizado allí, en momentos en que las relaciones diplomáticas entre Moscú y Pekín atravesaban un período crítico. Siguiendo con esa línea de razonamiento, los soviéticos no habrían querido asumir el papelón de haber fallado en el aterrizaje de su piloto, y mucho menos confesar que ahora estaba de rehén en una mazmorra china.

En 1999, el cineasta Elliot Haimoff produjo un documental sobre el caso Iluyshin que fue transmitido por cadenas como la NBC y *Discovery* Channel en Estados Unidos, y que hasta hoy puede consultarse por el sitio web Youtube. La película no aporta una sola prueba documental sobre la conjetura inicial, excepto el testimonio del ex piloto Anatoli Gruschenko, quien en los ochenta gozó de algunos minutos de fama cuando abandonó la Unión Soviética para exilarse en Estados Unidos. Gruschenko afirma haber presenciado el supuesto lanzamiento de la nave de Iluyshin, pero su testimonio hace agua por los cuatro costados y parece, en el mejor de los casos, un aporte guionado en base a las necesidades de los productores del filme.

La fábula de Ilyushin carece de toda verosimilitud. Más aun después de iniciado el proceso de deshielo en Moscú, cuando un grupo de investigadores estadounidenses tuvo acceso a los archivos del programa espacial soviético. En ese sentido, el editor del sitio web *Enciclopedia Astronáutica*, Mark Wade, destacó:

"Toda la historia del programa espacial ha sido desclasificada y tenemos pilas de memorias de cosmonautas e ingenieros participantes. Sabemos quién estaba en el equipo original de astronautas, quién nunca voló, quién fue despedido o quién resultó muerto en las pruebas en tierra. E Iluyshin no es uno de ellos".

Más allá del absurdo que representa imaginar que la Unión Soviética en 1961 estaba en condiciones logísticas y financieras de lanzar dos cohetes al espacio y poner en órbita dos cápsulas en un lapso de apenas cinco días de diferencia, habría que tener en cuenta que el vuelo de Gagarin fue anunciado en un boletín urgente por la agencia oficial de noticias TASS siete horas después del despegue, por lo que no parece razonable que en el caso de Iluyshin se hubiera ocultado toda información cuando la misión –según todas las versiones, aun la más disparatada– había culminado exitosamente hasta la última etapa, la del aterrizaje en suelo chino.

Por su parte, el periodista ruso Yaroslav Golovanov rechaza de plano todos los rumores de este tipo porque, en su opinión, ocultan la intención aviesa de transformar en farsa la trascendencia épica de Gagarin y su primer vuelo:

"Se trata de una propaganda antisoviética bien pensada, cuyos autores han estado luchando desde hace muchos años para engañar a millones de personas y menospreciar a nuestro país. Nuestros enemigos deben desear socavar la importancia del vuelo de Gagarin para encontrar algunos defectos, pero los informes de este tipo se han diseñado para lectores completamente ignorantes y obtusos".

Muertos vivos, el enano y el ruso bueno

En ese mismo sentido, un ex ingeniero de la NASA y estudioso del programa espacial soviético, James Oberg, no deja dudas respecto de las hipótesis de supuestos cosmonautas soviéticos fallecidos en vuelos orbitales, incluso cuando algunos rumores llegaban al extremo de denunciar la existencia de fosas clandestinas de anónimos héroes muertos en el cumplimiento del deber.

En 1988, este especialista clausuró el tema al afirmar:

> "No hay absolutamente ninguna evidencia creíble de ningún tipo que justifique la conclusión de que un astronauta ruso pudo haber muerto en una misión espacial antes de 1967".

Pese al testimonio de Oberg, al sentido común y a las decenas de denuncias de supuestas escuchas orbitales de radioaficionados (que cada tanto aseguran haber escuchado gemidos, latidos de corazón o sollozos en el espacio), nadie ha podido detener a los imaginativos fabuladores que, más allá del caso Iluyshin, difundieron en todo el mundo una serie de leyendas conocidas como "los astronautas fantasmas".

Una de las más simpáticas fue, sin duda, la historia del anónimo enano de la KGB, que habría viajado al espacio, oculto, y aterrizado en la Luna a bordo de la misión *Lunojod 1*, y que ya en territorio selenita habría conducido un vehículo todo terreno como parte de una misión suicida que duró once meses.

Otra no menos divertida es la Profiri Yebenov, quien, según se cuenta en algunos sitios de Internet, ayudó a los astronautas americanos del *Apolo 11* cuando llegaron a la Luna en 1969. Al parecer, el bueno de Yebenov, abandonado en el satélite terrestre, colaboró de buen grado con la misión americana, y ayudó durante la supuesta reparación del modulo lunar para permitir el regreso a Tierra de sus colegas norteamericanos.

El ex cosmonauta ruso Gregori Grechko, devenido en periodista, no tuvo mejor idea que preguntarle en una conferencia de prensa a uno de los integrantes de la misión *Apolo 11*, Edwin Aldrin, si de verdad habían sido asistidos por ese desventurado sobreviviente de la carrera espacial. El sorprendido Aldrin no encontró otra opción que repetir la misma respuesta que tenía preparada ya ante otra reiterada pregunta, la relacionada con la visión de vida extraterrestre durante su periplo. Así, dijo que no había encontrado rastros de vida nativa en el distante satélite.

El listado de casos inverosímiles de cosmonautas perdidos en el espacio resulta interminable. Quizá con una dosis mayor de malicia y otra, mucho menor, de divertida curiosidad, del otro lado de la Cortina de Hierro se insiste cada tanto en devolverle un poco de vigor a la misma serie de hallazgos improbables, episodios inventados y tragedias sin fundamento alguno.

Pero, más allá del humor y la ironía, en ocasiones la realidad ensombrece las anécdotas y las torna sórdidas. La carrera espacial tuvo sus víctimas reales, ajenas a cualquier presencia fantasmal.

Bondarenko, una tragedia oculta

Lo singular del caso soviético es que la docena de rumores sobre misiones trágicas y cosmonautas muertos en el espacio carecen de cualquier fundamento, pero una historia dramática en la génesis del proyecto espacial sí fue confirmada por las mismas autoridades comunistas como cierta, durante los tiempos del deshielo. Y se trata del caso de Valentin Bondarenko que, curiosamente, jamás integró los esotéricos listados conspirativos que se difundieron al otro lado del mundo.

El mismo periodista Yaroslav Golovanov, quien para la revista *Izvestzya* había revelado la verdad del caso Nelyubov, se encargó de investigar su trágica muerte, mantenida en secreto durante más de dos décadas y acontecida el 23 de marzo de 1961; es decir, apenas veinte días antes del lanzamiento de la *Vostok 1*, la nave que llevaría a Gagarin al Cosmos.

El joven Bondarenko, de 24 años, atravesaba una de las etapas eliminatorias más rigurosas del entrenamiento espacial: el aislamiento durante quince días en una cámara presurizada que hacía las veces de simulador de vuelo. Quienes tolerasen el confinamiento durante ese lapso, podían considerarse ya aspirantes serios a ocupar una plaza en alguna próxima misión espacial.

En el final de las pruebas de monitoreo médico que le estaban realizando, Bondarenko cometió un error tan pequeño como fatal: se quitó los sensores sujetos a la piel para comenzar a limpiar con un algodón empapado en alcohol los lugares afectados, con tanta mala suerte que no fue cuidadoso en ese trámite y terminó arrojando un pedazo de algodón con alcohol sobre una placa eléctrica que utilizaba para calentar la comida. En la atmósfera de la cámara del simulador, con un índice de concentración de oxígeno del 50 por ciento, el chispazo generó un incendio que se propagó rápidamente.

Aturdido por el descuido, Bondarenko intentó apagar las llamas golpeándolas con su traje, pero en el esfuerzo no logró otro resultado que avivar las llamas. Ante el estallido de fuego en la cabina, el médico de guardia demoró largos minutos en vencer la presión interna que mantenía sellada la escotilla del simulador, hasta que logró abrirla. Ya era demasiado tarde. Cuando Bondarenko fue liberado de aquel infierno, si bien se mantenía consciente, todo su cuerpo había sufrido quemaduras gravísimas. El maltrecho cosmonauta, mientras era trasladado de urgencia, no podía dejar de repetir, en el epílogo de su vida, una autocrítica letanía: "Fue mi culpa, fue mi culpa, fue mi culpa".

Registrado en el hospital con un nombre falso por las autoridades del programa espacial, Bondarenko tenía la totalidad del cuerpo calcinado, excepto la planta de los pies, que se habían resguardado por las botas aislantes. Y sólo en ese sector de su cuerpo el cirujano Vladimir Golyakhovsky alcanzó a administrarle una dosis intravenosa de morfina y tranquilizantes, para aliviar apenas su padecimiento.

El pobre Valentin moriría dieciséis horas después, en el hospital, pero nadie se atrevió a comunicar la noticia, y las autoridades eligieron el mismo camino de siempre: ocultar la verdad, borrar las huellas, negar todo lo sucedido, aun a la propia familia del cosmonauta.

Golyakhovsky contó los detalles cuando identificó la foto en un periódico con el rostro del joven aquel que habían registrado con un nombre falso, y también se encargó de mencionar ante la prensa que nunca olvidaría al hombre joven que acompañó a Bondarenko durante aquellas, sus últimas horas, y que permanecía sentado en la sala de espera del hospital. Se trataba de un entonces desconocido Yuri Gagarin, quien no había abandonado a su camarada ni siquiera en aquel trágico fin de su existencia.

Ya en los años noventa y consultado por un periodista, el hijo de Bondarenko, oficial del ejército soviético, lamentaría ante las cámaras el destrato recibido por su padre, y el escaso respeto por su memoria. Había conocido hacía muy pocos años la verdad sobre él; incluso ignoraba hasta entonces su paso como aspirante a cosmonauta en el centro de entrenamiento, si bien conocía que le habían otorgado, en secreto y a título póstumo, la Orden de la Estrella Roja.

Otras llamas, la misma muerte

El accidente trágico de Bondarenko aconteció durante la gestión en el Kremlin de Kruschev, quien curiosamente diez años después –es decir, ya desplazado del poder en el Partido Comunista–, en un libro que reúne sus memorias políticas y en referencia a otra tragedia espacial (la protagonizada por la misión de la *Soyuz 11*), expresó, ya más conciliador, su opinión sobre la utilidad o no de difundir esta clase de noticias:

"Creo que la causa de un accidente debe ser anunciada por dos razones. En primer lugar, para que los científicos sean capaces de tomar las precauciones necesarias para evitar que vuelva a suceder. Y además creo que los Estados Unidos deben ser informados de lo que salió mal. Después de todo, los estadounidenses también se dedican a la exploración espacial".

El doble discurso o la hipocresía de los funcionarios no deberían sorprender a nadie a esta altura de los hechos. Lo sugestivo es que, más allá de la opinión de Kruschev, el caso Bondarenko fue prolijamente ocultado por las autoridades espaciales, y esa negativa a difundir las causas de la tragedia en efecto les impidió a sus colegas norteamericanos tomar algunas precauciones adicionales durante el inicio de su programa Apolo.

De ese modo, en enero de 1967 se repetiría la tragedia, pero en este caso lejos de Moscú: en el Cabo Kennedy, y con otra tripulación, Gus Grissom, Ed White y Roger Chaffe, los tres astronautas que se entrenaban en la cabina del *Apolo 1*, quienes también murieron por la causa inmediata de un incendio generado en la atmósfera saturada de oxígeno, y por la mediata del ocultamiento extremo.

En un medio altamente inflamable y sin chance alguna de salida rápida, los astronautas estadounidenses fueron devorados por el fuego en apenas 17 segundos, sin que los técnicos conocieran nada del percance similar que habían padecido los soviéticos seis años atrás.

Gajes de la carrera espacial, podrán decir algunos. Lo cierto es que, en 1971, tres astronautas estadounidenses dejaron en la Luna una placa conmemorativa, un homenaje a los catorce mártires reconocidos de la conquista espacial. Allí se incluyeron los nombres, autorizados oficialmente, de seis cosmonautas soviéticos fallecidos. Pero el nombre de Valentin Bondarenko no estaba. Su muerte, que se había producido lejos del Cosmos, seguía oculta detrás de un telón de silencio y propaganda.

La negligente urgencia de los políticos

Si hubiera que seleccionar una característica común en cada uno de los avances desarrollados durante la carrera espacial entre soviéticos y estadounidenses, quizá la urgencia sea la más relevante. Urgencia política en llegar antes que el competidor y golpear con la propaganda en todo el mundo. Urgencia en pulir los detalles técnicos y restaurar las fallas mecánicas para seguir adelante. Urgencia en experimentar y arriesgar aun en condiciones lejanas a las óptimas. Y esa misma urgencia fue la que, el 24 de abril de 1967, se cobró la vida de Vladimir Komarov, el primer cosmonauta en morir durante un vuelo espacial.

Entonces, quien había desplazado a Nikita Kruschev, en la cúspide del poder del Partido Comunista, era Leonid Brezhnev. El recién asumido necesitaba como el agua un golpe de efecto. En poco tiempo se habría de cumplir nada menos que el cincuentenario de la revolución bolchevique de Lenin, y la Unión Soviética no podía festejar aquel acontecimiento sin un episodio que confirmara la superioridad técnica del comunismo por sobre sus rivales capitalistas.

Por otra parte, Brezhnev no era indiferente a algunas críticas que había escuchado en los pasillos del Kremlin. Allí se decía que Kruschev sí había defendido el programa espacial con énfasis, y aun en los nuevos tiempos, ese programa seguía siendo uno de los mayores orgullos del pueblo soviético.

No sería nada sencilla la planificación rápida del futuro, sobre todo después de dos años sin vuelos al espacio porque un año antes había muerto Sergei Korolev, el padre de la cosmonáutica soviética y el máximo responsable de los éxitos continuos desde Yuri Gagarin en 1961.

Entonces, Dimitri Ustinov, secretario del Comité Central del Partido Comunista y hombre fuerte del Ministerio de Defensa, se reunió con el nuevo diseñador general del programa espacial, Vasili Mishin, con un solo ítem en el orden del día: realizar la misión tripulada más compleja de la historia hasta esa fecha, más allá de las objeciones de Mishin acerca de que esa misión podía entorpecer o demorar un tiempo más el desarrollo del estratégico proyecto soviético para llegar a la Luna, con un vuelo tripulado y antes que la NASA.

El plan original desbordaba ambición y prometía un impacto mediático sin precedentes. Se lanzaría desde el cosmódromo de Baikonur la *Soyuz 1* con un tripulante, y al día siguiente se repetiría la escena pero con la *Soyuz 2*, que despegaría con tres cosmonautas. Ya en el espacio, ambas naves debían acoplarse, dos de los cosmonautas realizarían una actividad extravehicular (EVA) y pasarían de la *Soyuz 2* a la *Soyuz 1* para, después de tres días de orbitar en formación, regresar a la Tierra.

El piloto elegido para comandar la *Soyuz 1* fue Vladimir Komarov (quien volaría por segunda vez una nave al espacio, después de su primera experiencia en 1964), y su primer suplente sería el ya legendario Yuri Gagarin, quien había insistido por todos los medios posibles y durante años en que le permitieran retornar al Cosmos. Si bien las chances de volar de Gagarin en esa misión serían mínimas, su designación como sustituto significaba una concesión ante su indoblegable insistencia. Los seleccionados para pilotear la *Soyuz 2* serían Valeri Bykovsky, Alexei Yeliseyev y Yevgueni Jrunov. Los dos últimos tendrían a su cargo la riesgosa caminata espacial de una nave a la otra.

Pero las urgencias políticas no siempre determinan el correcto funcionamiento de los elementos técnicos. Durante las pruebas previas, hasta el propio Nikolai Kamanin, jefe del centro de entrenamiento de cosmonautas, manifestó en su diario personal sus dudas y objeciones sobre el diseño del vehículo.

El día indicado, Komarov y Gagarin subieron juntos al ascensor de la rampa de lanzamiento. Nadie más que ellos en Baikonur conocía los riesgos del vuelo que estaba a punto de comenzar. Gagarin había firmado un documento de diez páginas, semanas atrás, donde detallaba al menos 203 problemas estructurales en la *Soyuz*, y por lo tanto desaconsejaba el lanzamiento. Seguramente, habrá comentado en varias oportunidades las alternativas de esa revisión crítica con Komarov, pero estaba claro que los tiempos políticos podían más que las observaciones preventivas de los científicos. El memorando pasó por varias manos en la KGB, hasta que fue prolijamente olvidado en el cajón de un escritorio. Después de todo, Komarov no tenía margen para renunciar: si abandonaba su lugar, la butaca sería ocupada por su amigo Gagarin.

En cuanto a la reacción de Mishin, responsable del vuelo, los historiadores no se ponen de acuerdo: mientras algunos señalan que conminó a Komarov a alistarse para cumplir con su misión apenas escuchó algunas dudas y llegó a gritarle "¡No quiero cobardes en mis naves!", otros analistas sostienen que Mishin estaba bien al tanto de los problemas de la *Soyuz* y que intentó, sin suerte, obtener un aplazamiento ante el riesgo cierto de fracasar. Pero las postergaciones no eran una opción a considerar para Brezhnev, mucho menos con los festejos del 1 de mayo tan cercanos en el calendario.

Yuri acompañó a Komarov hasta la escotilla de entrada. Ya no era tiempo para palabras entre ellos, pero al menos alcanzó a murmurar un poco convincente "Nos veremos pronto".

Un vuelo con problemas

Después, la usual cuenta regresiva, el fuego enceguecedor, el cohete elevándose con gran estruendo.

Los problemas comenzaron casi de inmediato para Komarov; en verdad, apenas la nave inició su órbita. El panel izquierdo de la *Soyuz 1* no se desplegó correctamente, y esa falla generó problemas en el sensor solar, en otros laterales, en la antena de telemetría y en el sistema de telecomunicaciones. Si bien el sensor solar era el encargado de mantener la nave posicionada hacia el sol y podía provocar problemas serios de orientación y una disminución considerable de la corriente eléctrica, no se trataba de percances que no estuvieran en el protocolo de conflicto que estudiaban los cosmonautas. De modo que Komarov puso en juego toda su capacidad para orientar la nave usando el control manual, pero con serias dificultades.

Desde el centro de control, le ordenaron que intentara dormir entre la séptima y la decimotercera órbita, mientras ellos se ocupaban del asunto. Pero escaso era el margen desde tantos kilómetros de distancia: estaba claro que, sin chance de regular, sin sistemas de orientación operativos, era casi imposible planificar el regreso de la nave a la Tierra, por lo que la orden que se ejecutó entonces fue suspender el lanzamiento de la *Soyuz 2*. Después llegaría tiempo para soportar las reprimendas de las autoridades políticas por el fracaso del plan, pero en ese momento estaba claro que la misión no sólo no podría efectuarse en los términos planificados, sino que la vida del cosmonauta corría un serio riesgo. Pese a ello, los tres tripulantes del vuelo suspendido se ocuparon de comunicar su fastidio por una cancelación que entendían producto del "exceso de prudencia" del centro de control. Horas más tarde, los tres deberían tragarse sus palabras.

Quién sabe si el pobre Komarov habrá logrado conciliar el sueño en la ingravidez y ante un escenario fatal a escasos minutos de distancia. Lo cierto es que en la órbita 15 logró lo impensado: destrabó el sistema de iones y lo puso en funcionamiento. La noticia, recibida con alivio en el centro de control, provocó una inmediata comunicación con la *Soyuz 1* para transmitir las coordenadas precisas para la reentrada a la atmósfera terrestre. El encargado de mantener activa la comunicación fue el propio Gagarin, quien sabía mejor que nadie que el canal podía volver a interrumpirse en cualquier momento, y que ahora el regreso de la nave dependía en buena parte de la pericia del cosmonauta solitario.

Antes de sugerir el inicio de la maniobra de reentrada, Gagarin sólo atinó a desearle buena suerte a su compañero. Pero cuando llegó la hora para Komarov, el motor que iniciaba la secuencia de frenado se apagó. El percance motivó a demorar el reingreso de la *Soyuz* hasta la órbita 18, y preparar al cosmonauta para maniobrar casi a ciegas, con recomendaciones improvisadas y con cada vez menor porcentaje de éxito en la operación.

La opción para Komarov era un descenso balístico, sufriendo una desaceleración en su cuerpo mucho mayor a la normal, para todavía dentro de lo probable. Interrumpidas las comunicaciones, la *Soyuz 1*, atravesó la atmósfera y alcanzó temperaturas superiores a los 2.000 grados. La incertidumbre en el centro de control se rompió cuando se escuchó la voz baja y metálica del cosmonauta, recitando prolijamente los parámetros del descenso gracias a la antena de VHF situada en la escotilla principal. Parecía que la hazaña del regreso de Komarov se haría realidad, que lo peor y lo más riesgoso había pasado, que en un par de horas Gagarin podría abrazar a su amigo y tomarse un trago de vodka para festejar el hecho de haber zafado de aquel abismo. Pero no.

Un mártir llamado Vladimir Komarov

Si el mecanismo menos complejo en una cápsula espacial era el paracaídas, no había manera de imaginar que ese sistema de mantenimiento simple pudiera fallar en el momento preciso en que iba a ser utilizado. En las cientos de pruebas previas durante los seis años de simulaciones experimentales y vuelos al espacio, el único sistema que jamás había fallado había sido el de paracaídas (tiempo después, las pericias técnicas confirmaron que la falla se había generado por un descuido trivial: el paracaídas principal se había plegado de forma incorrecta en su contenedor). Ni siquiera una vez. Pero ese día falló.

El paracaídas de respaldo emergió del contenedor, tal como estaba previsto, pero el principal quedó trabado en el interior. Mientras la velocidad de caída seguía aumentando, se accionó el paracaídas de reserva, pero con tanta mala suerte que se enredó con el principal, sin terminar de desplegarse completamente. La *Soyuz 1* se precipitaba sin freno a 200 kilómetros por hora, y Komarov sabía que, ahora sí, el final era inexorable.

Si bien durante un tiempo se difundieron rumores de que en Estados Unidos conservaban algunos audios donde el piloto soviético "lloraba con rabia", se despedía de su esposa o insultaba a los técnicos por su suerte, es probable que esas escuchas formen parte de la larga serie de fábulas y leyendas generadas alrededor del programa espacial soviético. Lo único cierto es que, segundos después, el impacto en la llanura de Karabulak, la explosión y el incendio posteriores exterminaron la más mínima chance de supervivencia del cosmonauta.

A diferencia del caso Bondarenko, el Kremlin ofreció todas las explicaciones acerca del deceso a través de la agencia TASS, que informó sólo siete horas después de conocida la dimensión de la tragedia. El 26 de abril, los restos de Komarov fueron enterrados en la muralla del Kremlin con los honores de un héroe de la patria y un mártir de la urgencia espacial. Para algunos observadores, la muerte de Komarov fue el fin de la inocencia para el programa espacial soviético, que hasta entonces se había caracterizado por una efectividad absoluta, sustentada por la capacidad del ahora fallecido Korolev, quien siempre se había manejado con cautela y astucia para con las presiones políticas. Pero ésa no fue la única consecuencia de la tragedia: también le significó a la Unión Soviética la paralización del sueño de llegar a la Luna, cuando su programa demoró 18 meses en planificar el siguiente vuelo. Para entonces, la iniciativa en esa carrera a contrarreloj ya estaba definitivamente perdida y en manos de la NASA.

En su libro *Starman: the truth behind the legend of Yuri Gagarin*, los investigadores norteamericanos Jaime Doran y Piers Bizony dan cuenta de una anécdota escuchada semanas después de la muerte de Komarov. Afectado gravemente por la muerte de su compañero, Gagarin le confesó a un amigo agente de la KGB, Russayev Venyamin, que pretendía pedirle explicaciones a la máxima autoridad política de la Unión Soviética:

"Voy a llegar hasta Brezhnev, y si averiguo que tenía conocimiento de la situación y aun así dejó que todo esto pasara, entonces sabré exactamente qué hacer".

Al parecer, nadie pudo persuadirlo del riesgo de llevar a cabo esa reunión y, después de tres semanas de paciente espera, Gagarin consiguió finalmente una entrevista personal con Brezhnev. La misma fuente asegura que el diálogo entre ellos fue subiendo en tensión con el correr de los minutos, que Gagarin lo responsabilizó directamente por la muerte de su amigo y que, en un rapto de rabia, agarró un vaso y se lo arrojó por la cabeza al líder soviético.

Para quienes sostienen la teoría conspirativa del asesinato de Gagarin durante un vuelo de entrenamiento en 1968, la anécdota de la riña con Brezhnev ajusta perfectamente. Pero ésa es otra historia...

Capítulo 3

Del *Challenger* al *Columbia*
La cara oculta de la NASA

"Estábamos acostumbrados al éxito, sin darnos cuenta de que tarde o temprano algo como esto tenía que ocurrir. La Historia es así, triunfo y tragedia, y el avance del hombre se hace sólo a costa de golpes como éste".

John Glenn, primer norteamericano en viajar al Cosmos,
el día después de la tragedia del *Challenger*

Dicen las malas lenguas que la Administración Nacional para la Aeronáutica y el Espacio (NASA) resultó históricamente un excelente organismo de relaciones públicas con alguna oficina dedicada a la exploración espacial. Más allá de la ironía, está claro que, a partir del éxito del Programa Apolo, en las décadas del sesenta y setenta, la NASA se transformó en un instrumento clave para la propaganda norteamericana y en un orgullo nacional. Quizás, el más emblemático símbolo de la superioridad tecnológica estadounidense, después de años de padecer a los soviéticos adelantándose a cada uno de sus esfuerzos, fue la llegada a la Luna de la nave *Apolo 11*, financiada y respaldada fuertemente por gestiones políticas de la Casa Blanca. El hecho permitió que Estados Unidos se adueñara de la presa más codiciada de aquella competencia entre superpotencias mundiales: el distante satélite natural de nuestro planeta.

Pero el problema de alcanzar un gran objetivo es, siempre, el simbólico día después o los inmediatos venideros. Y éstos fueron para la NASA los finales de los setenta y principios de los ochenta. Entonces, la épica espacial había perdido interés entre los consumidores locales, y esta indiferencia tendría su lógica repercusión en las partidas presupuestarias aprobadas para el sector por los gobernantes. También, en el escaso entusiasmo de los patrocinadores privados; porque el proyecto, en suma, parecía haber llegado a su techo. Y ya se sabe: cuando se llega a lo más alto, lo único que resta es comenzar a descender.

El *Titanic* del Cosmos

Pese a ese contexto, los cerebros de la NASA no se iban a quedar de brazos cruzados. En primer lugar, necesitaban naves modernas y seguras para avanzar con pasos firmes y profundizar el trabajo de investigación en las órbitas más próximas a la Tierra, y ese paso se dio a partir del programa Space Shuttle. Innovador y fascinante, fue la irrupción de un flamante transbordador espacial que parecía llamado a dejar a la *Soyuz* soviética en algún arcaico museo de los recuerdos, abriendo una nueva etapa en la historia de la industria.

Suerte de avión carguero reutilizable y en condiciones de operar en las órbitas cercanas, el transbordador parecía el más grande impacto americano desde que Neil Armstrong había pisado el satélite aquel en 1969, y proferido su frase inmortal: "Un pequeño paso para el hombre, pero un gran salto para la humanidad".

No había forma de imaginar un diseño más estético y futurista, pero a la vez el aparato era flexible para un funcionamiento similar al de una estación espacial, con capacidad de prolijo aterrizaje similar al de un avión ligero; con espacio para que viajaran siete tripulantes; con soporte de cargas útiles de hasta 24,5 toneladas.

En cuanto a sus características de lanzamiento, contemplaba una mixtura con la cohetería tradicional: el transbordador despegaba montado sobre dos impulsores laterales de combustible sólido que, atravesados los límites de la atmósfera, se desprendían y permitían a la nave una amplia variedad de movimientos en órbitas bajas.

Los tres primeros modelos construidos se fueron perfeccionando unos a otros en base al prototipo llamado *Enterprise*: primero, el *Columbia* (su primer vuelo fue en 1982);

después, el *Challenger* (en 1983); y más tarde, el *Discovery* (en 1984), el *Atlantis* (en 1985) y el *Endeavour* (1992).

En el caso del segundo de los transbordadores, se lo había bautizado con ese nombre ("El desafiante", en inglés) en homenaje a la corbeta británica que iniciara la exploración moderna en los océanos de 1870. No sólo superaba con creces las pequeñas deficiencias observadas en el *Columbia* (por ejemplo, tenía protección térmica mejorada, mayor tecnología de a bordo y 1.100 kilos más de capacidad de carga), sino que se convirtió rápidamente en el más seguro de la familia Shuttle y en el comodín de la NASA. Desde su bautismo de vuelo, del 3 de abril de 1983, se le asignaron un promedio de tres misiones anuales, y quedó en la historia por haber permitido la instalación de numerosos satélites científicos y de telecomunicaciones en órbita, y por haber sido el vehículo utilizado por la primera mujer estadounidense (Sally Ride) y por el primer hombre afroamericano en el espacio (Guion Bluford).

Era, lo que se dice, una nave segura.

Tan seguro parecía el *Challenger* que algunos técnicos de la NASA bromeaban comparándolo con el *Titanic*. Lo que deja la idea de que ciertas bromas, simplemente, no deben hacerse.

Los maestros del espacio

Como antes aquel transatlántico monumental, el nuevo orgullo era tan confiable que resultaba imposible imaginarlo en problemas. De hecho, el transbordador se había diseñado con la tecnología más moderna en cuestiones de seguridad, de modo que en el interior de las cabinas los astronautas no usaban trajes presurizados y se habían eliminado los asientos eyectables, los paracaídas y otros sistemas de urgencia, por considerarse innecesarios. La única concesión en ese sentido era una pequeña reserva de oxígeno destinada a cada astronauta, que permitiría algunos minutos de aire fresco en el muy hipotético caso de alguna despresurización.

Pero los transbordadores y su mística salida de una película de ciencia-ficción no alcanzaban para recuperar la atracción original de aquellos vuelos seguidos por multitudes de curiosos por las pantallas de televisión. Para lograr ese objetivo, la NASA necesitaba un impacto. Una novedad extraordinaria, una idea genial que permitiera seducir otra vez a millones de telespectadores y, al mismo tiempo, "humanizar" la nueva etapa de la era espacial.

El impacto elegido fue un programa anunciado por el propio presidente Ronald Reagan: Teachers in Space. La propuesta era enviar a un civil al espacio, pero no cualquier civil, a un maestro, de modo que, una vez en órbita, impartiera algunas clases para millones de alumnos que, desde la Tierra, seguirían sus lecciones a partir de un circuito cerrado de transmisión.

Eso sí era (o parecía) una idea de doble impacto. Nada menos que 11 mil docentes de todo el país enviaron su solicitud para ser elegidos como potenciales astronautas. Y se esperaba que una multitud de niños de todas las edades se entusiasmaran de repente con los dilemas de la aventura espacial. Así, serían los más chicos los que metieran esa fábrica de sueños llamada NASA otra vez en la casa de todos los americanos.

El resto lo aportaría la televisión en vivo. El despegue desde el Centro Espacial John Kennedy sería transmitido al instante por alguna gran cadena televisiva interesada en pagar un suculento monto por la exclusiva (la privilegiada fue la CNN, de Ted Turner), y nadie se perdería los detalles de aquel primer vuelo de un civil en la historia aeroespacial estadounidense.

Sólo faltaba no errar con la elección del maestro. La elegida fue Christa McAuliffe, una simpática profesora de 34 años, casada y con dos hijos, que enseñaba Historia y Ciencias Sociales en un instituto en New Hampshire, y que desde muy pequeña anhelaba viajar en una nave espacial.

Tecnología y espectáculo

Seleccionada en el verano de 1984, Christa se transformó en una celebridad. Fue invitada obligada en los programas televisivos de mayor audiencia; las revistas se desvivían por dedicarle sus portadas; su imagen, en formato póster, pasó a decorar casi todas las aulas del país; los niños seguían con atención cada paso de su riguroso entrenamiento durante un año en Houston, y todos contaban los días para el momento del despegue.

Pero la NASA, que no iba a perder la oportunidad de confirmar toda su habilidad diplomática, había preparado otros golpes. La tripulación sería la más diversa de toda la historia, pues a la maestra civil se le sumarían un hawaiano descendiente de japoneses (Ellison Onizuka), un afroamericano (Ronald McNair) y una mujer judía (Judith Resnik).

También sería de la partida el astronauta Gregory Jarvis, quien había sido desplazado de una misión anterior a último momento por una poderosa razón: su butaca se la había arrebatado el congresista Bill Nelson, otro ejemplo más de la importancia que tenían las relaciones públicas para la NASA.

En cuestiones de seguridad y para evitar cualquier tipo de riesgos, los técnicos tendrían preparada para ese vuelo mediático –sin duda, el más esperado por todo el país desde 1969– su nave más confiable, el *Challenger*, y habían optado por pilotos con vasta experiencia en vuelos similares.

De todos modos, habían pasado quince años desde la tragedia del *Apolo 1*, y desde entonces, el programa espacial americano no había sufrido ningún percance de consideración. De hecho, los transbordadores habían realizado 24 misiones exitosas consecutivas y habían recorrido 50 millones de millas sin ningún tipo de problema. ¿Qué más se podía pedir?

Pero el cronograma establecido empezó a trastabillar sobre la hora. De la nada emergieron los problemas y las demoras imprevistas, y con ellas, como siempre, aparecieron en escena las presiones políticas.

Algo extraño sucedía con la misión STS 51-L.

"Quítense la gorra de técnicos"

El día elegido para el lanzamiento del *Challenger* (que se efectuaría en el Centro Espacial John Kennedy, de la Florida) fue el 22 de enero de 1986. Sin embargo, esa fecha sufriría dos postergaciones consecutivas por los retrasos de la misión anterior, que había aterrizado después del plazo previsto.

Hasta ese momento, nada era extraño. Las cancelaciones eran parte de la dinámica habitual de la NASA, y sólo se trataba de ajustar detalles de plazos para cumplir con las pautas de actividad previstas. Sobre todo, para cuando el *Challenger* alcanzara su órbita, el día indicado para la clase de Christa no debía caer en sábado.

Pero el 25 de enero tampoco pudo despegar por culpa del mal tiempo en el punto de aterrizaje de emergencia (situado en la africana ciudad de Dakar, Senegal). Dos días después, otra vez todos los planes quedaban abortados por una falla técnica menor: problemas con una escotilla de acceso exterior. El sueño publicitario de la NASA se iba transformando, con cada dilación, en una fastidiosa pesadilla que defraudaba a todo el país, incluidos los políticos que esperaban ansiosos el inicio del vuelo.

¿Era que la siempre hábil NASA ahora no comprendía la importancia del acontecimiento y se dejaba llevar por recaudos excesivos?

El 28 de enero tenía que ser la fecha definitiva para el *Challenger*, lo sabían los gerentes y los sabían mejor los técnicos.

Pero, la noche anterior, un grupo de ingenieros de la contratista Morton Thiokol organizó una teleconferencia con los directores de la NASA. Tenían una grave preocupación que deseaban transmitir lo antes posible.

Aquellos ingenieros sabían que las bajas temperaturas podían afectar gravemente el sellado de las juntas tóricas (simples elementos de sección circular) de los cohetes propulsores laterales, que impedían la salida de los gases del interior del motor al exterior. Todos sabían que si esas juntas fallaban no habría ningún elemento de seguridad que permitiera reemplazarlas en vuelo. En todo caso, los participantes de aquella reunión a distancia estaban bien al tanto de que, en vuelos anteriores, los transbordadores habían padecido problemas con esas frágiles uniones, que en algunos casos se habían erosionado por la acción de la combustión de los aceleradores sólidos.

Hasta ese momento, los directivos de la NASA habían considerado que el problema de la erosión de las juntas se producía sólo en algunos casos, que se trataba de apenas "una desviación" del comportamiento previsto y que, evidentemente, no revestía un riesgo para la seguridad de la nave. Es decir que, si bien se reconocía el riesgo de una falla de una de las juntas (por eso se definía el problema como de "Criticidad 1"), la reiteración de vuelos sin un resultado gravoso confirmaba que el defecto se asemejaba más a una molestia, pasible de perfeccionar en el futuro, que a un peligro cierto. Eso no podía paralizar una misión. Y mucho menos la del *Challenger*.

Así que, cuando los técnicos de Morton Thiokol exigieron un aplazamiento del vuelo hasta que mejorasen las condiciones climáticas, los directivos de la NASA se miraron azorados. Incluso uno de ellos admitió sentirse "horrorizado" por la propuesta. Estaban en juego millones de dólares, la reputación de la Agencia, el interés masivo de millones de televidentes y las presiones que ya habían llegado a Houston desde algunos despachos de la Casa Blanca. Demasiado en juego como para ceder a la inquietud de un puñado de ingenieros a quienes les exigieron, literalmente, que "se quitaran la gorra de técnicos y se pusieran la de gestores".

El show debe continuar

De inmediato, los de la NASA les pasaron la pelota a los dueños de la empresa contratista, para que hablaran con quienes presentaban los reparos. Afectados por las mismas presiones, los dueños de Morton Thiokol se apartaron para conversar con sus empleados, explicarles la situación en términos generales y exigirles una revisión de su pedido o, en todo caso, que aseguraran fehacientemente y desde su perspectiva que, si el transbordador era lanzado en esas condiciones sufriría indefectiblemente un accidente.

Ante esta "inversión de la carga de la prueba", para usar una definición jurídica, los técnicos no podían garantizar un diagnóstico futurista y así lo explicaron. Pero la oportunidad fue aprovechada por la gerencia de Morton Thiokol para desautorizarlos y anunciar que retiraban la propuesta del aplazamiento. Indignados por la actitud de esos técnicos que poco entendían lo que se estaba jugando en ese momento, los directivos de la NASA suspiraron y volvieron a los preparativos definitivos.

La suerte estaba echada para el *Challenger*.

La mañana del 28 de enero de 1986 amaneció con heladas e inusualmente fría en la Florida, con temperaturas que apenas superaban el grado cero, la mínima permitida por reglamento para cualquier lanzamiento. Es más: la inspección previa de la zona de lanzamiento había confirmado la presencia de hielo en cantidad en la propia rampa. Pero, informado de la situación el responsable de la misión, Arnold Aldrich, optó por no cancelar el vuelo.

Luego de la tragedia, Aldrich aclararía que no había entendido que le aconsejaban "no proceder", así que sólo había optado por esperar una hora más para que el sol derritiera el hielo acumulado antes del despegue. Una nueva revisión a las 11.15 confirmó que el hielo ya no representaba un peligro. A las 11.29 comenzó la cuenta regresiva para el *Challenger* y sus siete ansiosos tripulantes.

No lejos de la zona de lanzamiento, en la zona VIP de observación, situada a 5 kilómetros de la plataforma, la NASA había tomado la decisión de invitar a las gradas a las familias de los astronautas, pero en particular a los padres de Christa McAuliffe, a su marido, a sus dos hijos y a un grupo numeroso de sus estudiantes de New Hampshire.

Por supuesto, una cámara de la CNN también estaba allí para registrar las reacciones ante el inminente despegue. Todo estaba listo. Entonces, millones de niños en todo el país comenzaron a repetir los números de la cuenta regresiva que salían de los televisores diseminados en sus escuelas.

En pocos segundos, el enorme tanque externo de color naranja, los dos cohetes propulsores laterales de combustible sólido y el mismo transbordador empezaron a vibrar.

Era el momento que todos estaban esperando: las 11.29. Comenzaba el show.

Setenta y tres segundos

La cuenta regresiva llegó al final, y un estruendo de fuego abrasó al *Challenger*. Lentamente, la gigantesca mole se despegaba de la tierra y ascendía rumbo al cielo. "*¡Here we go!*", gritó el piloto Michael Smith, sin poder contener la emoción que siempre genera un despegue, por más rutinario que sea, para un astronauta experimentado. Casi de inmediato, los más agudos observadores de la señal televisiva podían divisar una pequeña nube negra que crecía en la parte inferior de uno de los cohetes propulsores. Eran los gases que vencían la resistencia de las juntas tóricas –más rígidas que de costumbre por el frío al que habían estado expuestas– y salían al exterior por una grieta. Era una señal de peligro apenas el transbordador se separaba de la rampa.

Lo más lógico en ese momento hubiera sido que el escape de gases produjera una gigantesca explosión en la misma rampa de lanzamiento. Pero no sucedió así. Milagrosamente, algunos residuos generados por la combustión del propelente sólido se habían acumulado accidentalmente en la junta y la habían sellado. Pero la suerte no iba a durar demasiado tiempo.

Es más: sólo setenta y tres segundos duró la buena fortuna para los siete tripulantes de la nave, que ascendían completamente ajenos a la avería que terminaría por desatar la tragedia.

Después de los cincuenta segundos de vuelo, cuando el *Challenger* atravesaba la zona de mayor presión dinámica y vibraba como consecuencia de una fuerte ola de vientos, los gases incandescentes vencían la resistencia de los residuos, se filtraban y fugaban definitivamente al exterior.

"*Houston, ¡a toda marcha!*", anunciaba el comandante de la expedición, segundos antes del desenlace.

Ya no habría forma de detener el fuego. Su labor destructiva se ensañó con el enorme depósito central de hidrógeno y oxígeno. Y la llamarada, como un soplete mortal, se hizo evidente. A los fatídicos setenta y tres segundos del despegue, se desató el infierno.

A 14.600 metros de altitud, el depósito central estalló, los cohetes propulsores se desprendieron con furia y quedaron girando a la deriva, y el *Challenger* se retorció en el aire hasta desintegrarse.

Sin embargo, la cabina se desprendió intacta del transbordador y siguió ascendiendo por inercia casi 22 kilómetros más, para luego iniciar un vertical descenso hasta el océano. ¡A 300 kilómetros por hora!

Los peritajes posteriores confirmaron que era muy probable que la tripulación siguiera con vida durante algunos minutos después del estallido, ya que se activaron tres de las cuatro máscaras de oxígeno en la cabina. Pero, sin ningún sistema de escape a disposición, todos los sobrevivientes murieron a causa de la presión aerodinámica. El impacto posterior contra el agua a esa velocidad desintegró la cápsula, hasta transformarla en mínimos residuos.

El horror en vivo

Desde las gradas, la familia de Christa observaba el ascenso. Las imágenes televisivas de aquel momento son conmovedoras: los niños gritan de euforia cuando ven ascendiendo la nave. En un momento, los rostros de los padres de la maestra cambian de repente. Parecen confundidos, no terminan de entender qué está pasando, se persignan, preguntan a sus acompañantes qué significan esas estelas de humo que en un momento se dividen en tres pedazos en el cielo y se dispersan en direcciones erráticas. Se miran, se abrazan, pero no comprenden. Quizá sus ojos los engañen y se trate de un procedimiento usual, quizá el transbordador siga su marcha, quizá todo sea un gran susto... Alguien grita, desesperado.

Durante largos minutos, los asistentes están solos con su sorpresa a cuestas. Nadie les informa nada; nadie les confirma nada. Millones de niños en todo Estados Unidos asistían del mismo modo al desastre absoluto, en silencio. Sus maestros no sabían qué decir, cómo explicar lo inexplicable. El locutor de la señal de CNN enmudeció de golpe...

Algunos minutos más tarde, mientras los familiares por fin comprendían la dimensión de la tragedia al ver los escombros caer sobre el mar, el comentarista oficial de la NASA, Steve Nesbitt, pronunciaba con voz metálica las frases que lo inmortalizarían desde ese momento aciago:

"Los controladores de vuelo están estudiando cuidadosamente esta situación... Obviamente se trata de una avería mayor... No tenemos enlace de datos".

Finalmente, tras una larga pausa, confirmaba lo que todos suponían:

"Tenemos un informe del oficial de dinámica de vuelo... El vehículo ha explotado".

Era el final del *Challenger*, y el de las vidas de los siete tripulantes de aquella misión que quedaría en la historia negra de la carrera espacial como el capítulo más trágico. Un horror transmitido en directo para todo el mundo; seguido, como ningún otro lanzamiento espacial, por millones de personas en todo Estados Unidos.

La ruleta rusa (americana)

Días después, el presidente Reagan pronunciaba su famoso discurso ante los familiares de las víctimas, durante los funerales. Allí anunció:

"Continuaremos explorando el espacio. Habrá otros vuelos, otros maestros en el espacio. No vamos a detenernos. El futuro no pertenece a los débiles de corazón. Pertenece a los valientes".

Horas más tarde, Reagan ordenó la formación de una comisión investigadora para dilucidar las causas de la tragedia. Durante cuatro meses, la Comisión Rogers, integrada por una docena de notables de la aeronáutica espacial, entre los que participaban figuras como su director, William Rogers, el ex astronauta Neil Armstrong y un premio Nobel de Física, el excéntrico Richard Feynmann, se abocó a investigar esas fatídicas causas.

Si bien las razones técnicas fueron rápidamente dilucidadas, en un principio la comisión apuntó sus cañones contra la NASA, en particular contra su tendencia al exceso de confianza (definiendo su plan de trabajo como "poco realista"); a ser permeable a las presiones económicas y de planificación (pese a ello, no se mencionaron en el informe las presiones políticas); y a brindar respuestas superficiales a los problemas detectados ya en 1977, sólo para evitar alterar los cronogramas diseñados, dejando en segundo plano el tema de la seguridad, que debía ser prioritario.

Por primera vez se mencionó el concepto de crisis en la "cultura defectuosa de seguridad" de la hasta entonces impoluta NASA. Sin embargo, en el informe final y por razones desconocidas, se *decidió* bajar el tono de la crítica contra la agencia, decisión que fue criticada duramente por Feynmann, quien amenazó con retirar su firma de las conclusiones si no era admitida su opinión, aunque fuese en minoría. Y así se hizo, más para evitar el escándalo que por otro motivo. Pero un conciliador y moderado Rogers habría de afirmar ante la prensa:

"Todos tenemos algo de culpa: la administración, el Congreso, la prensa. Éramos muy optimistas y pensábamos que el Shuttle era ya un vehículo operacional cuando todavía estaba en fase experimental. Hay que aprender la lección".

Ya se sabe: cuando los culpables son todos, la culpa termina siendo de nadie. Sin embargo, Feynmann tenía otras percepciones sobre el tema. Sobre todo, en referencia a las numerosas advertencias que habían generado los fallos de las juntas tóricas previamente, y después, sobre las pobres respuestas de los directivos de la NASA, que prefirieron mirar hacia otro lado ante lo que consideraron un "mal menor, sin efecto de riesgo concreto".

Feynmann se encargó de graficar esa actitud con una frase lapidaria:

"Cuando se juega a la ruleta rusa, el hecho de que el primer disparo no sea mortal es poco consuelo de cara al próximo".

Al mismo tiempo, y con respecto a la tradición diplomática de la NASA, el premio Nobel afirmó:

"Para una gestión exitosa, la realidad debe estar por delante de las relaciones públicas, porque a la naturaleza no se la puede engañar".

Esa estela de humo

La respuesta de la NASA fue acatar el informe final y comprometerse a realizar los cambios necesarios, pero sin dejar de apelar al repetido discurso que explica la tragedia como un precio inevitable a pagar a cambio de avanzar con el progreso.

A esa consabida expresión de los directores de la NASA, el investigador James Oberg respondía con palabras taxativas:

"Eso no es más que un razonamiento destinado a salvar el culo de aquellos responsables de una gestión incompetente durante todo el proceso. El desastre no tendría que haber ocurrido, y los responsables de la NASA se equivocaron al decidir lanzar pese a las advertencias y protestas de los ingenieros".

La tragedia del *Challenger* generó en términos prácticos una parálisis de treinta y dos meses en el programa Space Shuttle; tiempo suficiente para cumplir con las exigencias de reformas de fondo en cuestiones técnicas y organizativas propuestas por la comisión investigadora. Pero las consecuencias de la tragedia fueron mucho peores que la interrupción de la planificación de la NASA.

El *Challenger* sería, desde entonces, una de las más profundas y lacerantes heridas al orgullo estadounidense, quizá apenas ubicada detrás de la derrota en la guerra de Vietnam y de los atentados del 11 de septiembre de 2001, en un fatídico ránking de impactos sociales imborrables y transmitidos en vivo y en directo. Sally Karioth, una profesora de la Escuela de Enfermería de Florida, graficaba ese golpe en sencilla pero perfecta síntesis:

"Uno dice *Challenger* y entonces miramos esa estela de humo en el cielo".

Los años posteriores confirmarían que, aunque los cambios técnicos de diseño realizados permitieran eliminar el tema de las juntas tóricas como falla crónica, el problema organizativo y cultural de la NASA en materia de seguridad estaba bien lejos de haberse solucionado.

Por el contrario, algunos elementos se repetirían años más tarde, y otros más preocupantes se agudizarían. La NASA no había aprendido la lección y, como cada vez que esto sucede, parecía condenada a repetir la tragedia.

Un mínimo percance

BX–250 no parece un nombre demasiado temible; y menos parece el apropiado para bautizar a una suerte de despiadado asesino serial. Pero ése fue el responsable de la tragedia del *Columbia*. Tal era la denominación comercial de la espuma de poliuretano que se utilizaba tradicionalmente como aislante del tanque externo del transbordador espacial.

Exactamente ochenta y un segundos después del despegue, un fragmento del BX–250 se desprendió (como era común en ese tipo de lanzamientos hasta entonces) e impactó contra el ala izquierda del *Columbia*. La singularidad del caso es que ningún técnico se percató del accidente ese 16 de enero de 2003, ya que segundos después el *Columbia* atravesó la atmósfera terrestre sin problemas y se perdió en la oscuridad del Cosmos, como uno más de los rutinarios despegues de los últimos años.

Para el *Columbia*, el primero de los cinco transbordadores operados por la NASA, aquélla era su vigésimo octava salida espacial, un registro que acumulaba hasta ese momento 4.088 órbitas terrestres en los 300 días y 17 horas que pasó en el Cosmos, a donde había transportado a 160 astronautas.

Lo que sobrevino después fueron dieciséis días excitantes para los siete tripulantes de la misión STS-107 en el espacio. Durante esas dos semanas, los astronautas se abocaron a cumplir con cada uno de los experimentos biológicos, físicos y médicos planificados para su estancia orbital en el módulo Spacehab.

Todo avanzaba según lo previsto para el comandante Rick Husband y los especialistas técnicos Michael Anderson y Kalpana Chawla (quienes ya habían acumulado experiencia espacial previa), y también para los novatos en esa compleja tarea, William McCool, David Brown, Laurel Clark y el primer astronauta israelí de la historia: Ilan Ramon.

Pero, lejos de la relajada actividad que se operaba en el Cosmos, los analistas de la NASA repetían en sus pantallas una y cien veces el video del lanzamiento del *Columbia*. Así detectaron ese pequeño instante en que una plancha de espuma de poliuretano impactaba contra el ala de la nave.

El percance ya se había dado en otros vuelos; en particular, con el *Atlantis*, que sufrió daños menores en su escudo térmico como consecuencia del material que se desprendió de uno de los cohetes de combustible sólido. Se trataba, por lo tanto, de un incidente caracterizado como carente de riesgo para la misión y los tripulantes. Ya se había demostrado experimentalmente que el escudo térmico compuesto por miles de losetas de cerámica podía superar los golpes de los desprendimientos sin mayores daños.

Sin embargo, el ejercicio experimental no se había realizado con los paneles de carbono reforzado que cubrían una fracción del borde del ala, y que protegían la nave de las altísimas temperaturas durante los reingresos a la atmósfera. La razón de esta decisión era sencilla: los paneles de carbono reforzado cubrían una porción tan pequeña del ala que, según el criterio de los especialistas, la probabilidad de un impacto contra ellos era mínima e improbable.

En definitiva, aquélla se trataba apenas de una molestia rutinaria: la espuma seguía siendo el mejor elemento para mantener bajas las temperaturas del tanque externo, donde se acumulaban el hidrógeno y el oxígeno líquido, y además evitaba que se formaran capas de hielo (un elemento caracterizado sí como peligroso en caso de desprenderse durante un lanzamiento) en la superficie del tanque en caso de bajas temperaturas.

Una vez más, la NASA definió el BX–250 y los fragmentos que se desprendían apenas comenzaba el ascenso de los transbordadores como un inofensivo "mal menor", que no revestía la menor gravedad. Recién dos semanas más tarde comprenderían la dimensión de su error.

Otra vez, la pesadilla

Lo cierto es que, al subestimar ese incidente, la NASA dejaría la puerta abierta a una nueva catástrofe. Y ésta tendría algunas características similares a la del *Challenger*, muy atrás en el tiempo y en la memoria de los técnicos.

En primer lugar, ninguno de los técnicos que observó el episodio en el video pudo ver más que un objeto impactando contra el ala en una fracción de segundo, sin percatarse de que, en este caso, el fragmento desprendido era considerablemente mayor a la media (pesaba un kilo y media unos 40 por 50 centímetros), y que el impacto contra el ala se había generado cuando el transbordador viajaba a 2.600 kilómetros por hora. Nadie había podido imaginar que ese inofensivo pedazo de espuma había travesado el panel número 8 del ala izquierda, dejando a su paso un considerable agujero de unos 20 centímetros de diámetro. Ni los astronautas en plena misión (que sí fueron advertidos del impacto con la espuma, pero que nunca entendieron ese incidente como peligroso para sus vidas), ni los técnicos en la revisión posterior de todo el material fílmico se percataron de ese hueco que acabaría provocando una tragedia dos semanas después, en el momento menos esperado.

En segundo lugar, ante el requerimiento de algunos técnicos de que se utilizaran los satélites espías para fotografiar el escudo térmico del *Columbia* y así contar con la evidencia concreta del daño causado, la respuesta de la NASA fue subestimar el problema y decir que no, alegando problemas presupuestarios.

El 1 de febrero de 2003, el *Columbia* encendió los motores para volver a casa, luego de dos semanas de impecable actividad. Media hora más tarde, se inició formalmente la fase de reentrada sobre el océano Pacífico, hasta que la nave sobrevoló la costa oeste de los Estados Unidos, a unos 71 kilómetros de altura.

Un video difundido como prueba, con posterioridad a la tragedia, muestra a la tripulación en aquellos minutos finales, en un clima realmente distendido, incluso bromeando y esperando concluir con aquella misión que nunca olvidarían. En la pista del Cabo Cañaveral (podríamos decir Kennedy, pues el discutido nombre Cabo Kennedy quedó solo afectado a la base de la NASA), los familiares de los astronautas miraban el cielo, impacientes. Esperaban el aterrizaje del *Columbia*, el reencuentro con sus seres queridos, escuchar las mil y una anécdotas sobre un viaje inolvidable...

Pero los minutos pasaban, y no había novedades en la pista. Y, como siempre, el pesado silencio. Nadie informaba nada. Nadie explicaba la demora, inédita en el caso de los transbordadores. Nunca había retrasos, salvo que sucediese algo realmente malo, cosa que todos los presentes evitaban pensar.

A decenas de kilómetros de distancia, y a tan sólo dieciséis minutos de volver a casa, el escudo térmico del *Columbia* soportaba temperaturas de hasta 1.500 grados. Pero el agujero en el ala izquierda permitió la entrada de una ola de fuego que comenzó a derretir la estructura interna de la nave, lentamente. Desde los controles de Houston, apenas percibieron que los sensores del ala izquierda y del sistema de aterrizaje se iban apagando uno a uno. Podía tratarse todavía de un error técnico generado por la violencia del reingreso. Pero segundos después se cortó la señal de comunicación con la nave.

Todo era silencio en Houston. De a poco fueron asomando los rostros de preocupación. ¿A qué se debía la falta de contacto?

Lejos de allí, en el aire, el fuego ya había destruido el ala en cuestión. El *Columbia* perdía toda capacidad de orientación y comenzaba a girar en forma descontrolada sobre su eje. Las fuerzas aerodinámicas y las altas temperaturas terminaron por desgajar la nave en miles de pedazos luminosos (de hecho, en el rastreo posterior se hallaron 8.400 piezas del transbordador), que caerían sobre el territorio de Texas y Louisiana como un gigantesco espectáculo de fuegos artificiales.

Sin embargo, la desintegración de la nave no fue el final para los tripulantes, que se mantenían aislados en la cabina presurizada, a oscuras y lógicamente incomunicados. Al igual que en el caso del *Challenger*, la tripulación sobrevivió a la destrucción del *Columbia*; ahora, por unos veinticuatro segundos más, aunque se estima que a los quince ya estaban todos inconscientes.

En este caso, y a diferencia del *Challenger*, los astronautas sí tenían puestos sus trajes de presión. Los estudios posteriores confirmarían que su muerte se había generado o bien cuando la cabina finalmente se despresurizó, o bien a causa de traumatismos severos durante la caída sin control desde 32 kilómetros de altura.

Desidia y silencio

Después de la tragedia, las autoridades de la NASA ratificaron que, en caso de haber percibido el daño generado en el ala, tampoco se hubiera podido hacer demasiado para salvar a la tripulación. La distancia orbital entre el *Columbia* y la Estación Espacial Internacional (ISS) impedía cualquier acercamiento, y la nave carecía del sistema de acoplamiento necesario para traspasar a los tripulantes a uno de sus módulos.

Tampoco el *Columbia* contaba con un sistema de inspección tecnológico capaz de revisar los daños. Y, en caso de ser éstos identificados, los astronautas no tenían las herramientas precisas para reparar un hueco en el escudo térmico.

El caso es que, para la NASA, los astronautas estaban condenados ochenta y tres segundos después del despegue, y no fueron pocos los debates que se generaron ante esta situación.

¿Supo tempranamente la NASA de la dimensión del daño y ocultó información en este sentido? ¿Cuál habría sido la decisión razonable en caso de identificar un problema sin solución? ¿Advertir a la tripulación o esconder la verdad para no condenar a los astronautas a dos semanas de agonía, al conocer a ciencia cierta su final inexorable?

Estos interrogantes fueron generados, en buena medida, por las desafortunadas declaraciones de Wayne Hale, ex oficial de la NASA, quien ante la prensa llegó a comentar que en alguna conversación privada se llegó a discutir sobre el hipotético caso de si se debía informar a la tripulación o no frente a la certeza de algún daño letal. En el mismo sentido, Carlos González Pintado, ex jefe de Operaciones de la NASA en Madrid, se atrevió a asegurar que la tripulación del *Columbia* sabía de la existencia de la avería y de la imposibilidad de su reparación. Pero fue más allá. Destacó que los técnicos de Houston sabían a ciencia cierta que ocurriría un inexorable accidente con el *Columbia*... ¡y los astronautas también!

"Fueron muy profesionales. Sabían que estaban condenados a morir. Hasta cierto punto, fue un accidente inevitable".

No faltó en este caso la aparición de las omnipresentes teorías conspirativas relacionadas con la presencia del astronauta israelí en el vuelo, y hasta se llegó a mencionar en algunos noticieros europeos la existencia de fotografías que mostraban el supuesto disparo misilístico que habría destruido al *Columbia*. Por su parte, los diarios israelíes *Maariv* y *Yediot Ahronot* dedicaron sus portadas a la conjetura de una tragedia anunciada. "La NASA sabía y se calló", titularon los diarios que utilizaron como fuentes para realizar esa afirmación supuestos documentos internos de la misma agencia espacial.

La Administración en el banquillo

La posición de la NASA generó muy fuertes críticas desde diversos sectores. Incluso, algunos técnicos habían llegado a proponer salidas alternativas para intentar salvar a la tripulación. Ello se haría siguiendo arriesgados planes, como preparar el lanzamiento de un nuevo transbordador y, en la espera, exigir que los astronautas del *Columbia* gastaran la menor cantidad de energía y racionaran el alimento, para resistir el mayor tiempo posible en órbita a la espera de un salvataje. Éste se realizaría mediante una arriesgadísima caminata espacial de todos ellos de una nave a la otra. Pero no por temerario, el plan era imposible. Cuando llegó la propuesta, sólo se trataba de conjeturar ejercicios posibles en caso de repetirse un accidente similar; para los astronautas del *Columbia,* no había ya nada qué hacer.

Otra conclusión polémica respecto de la NASA fue publicada en el informe de 400 páginas que apareció cuatro años después de la tragedia. Allí se aseguraba que los astronautas no respetaron los sistemas de seguridad. En la investigación, y si bien se reconocía que no había funcionado el sistema de cinturones de las butacas, la NASA alegaba que uno de los tripulantes no llevaba puesto su casco, que tres de ellos no tenían sus guantes y que ninguno había bajado el visor de su escafandra antes de la pérdida de presión. Más allá de la veracidad de ese detalle sobre la negligencia de los astronautas, después de difundido el informe llovieron las críticas desde todos los sectores.

¿Acaso la NASA responsabilizaba a los astronautas por el accidente? ¿Intentaba con ese informe apaciguar las consecuencias que llegarían?

La conclusión final de la comisión de trece miembros, que investigó durante siete meses, distaría bastante de la opinión de la NASA. Es más, para la comisión sería ella misma la principal responsable de un accidente que, según se sostenía, podría haberse evitado.

Si después del *Challenger* los investigadores habían intentado apaciguar la severidad en sus críticas a la agencia, en el caso del *Columbia* no se preocuparon por la diplomacia. En las 248 páginas del informe se señalaban, como causas de la tragedia, una serie de factores organizativos que atacaban el corazón de la agencia. Entre ellos:

- La obsesión por el cumplimiento de los cronogramas establecidos.
- Un grave problema de financiamiento.
- Una política de seguridad absolutamente desgastada y deficiente.
- Escasos cambios preventivos en relación con el episodio del *Challenger* de 1986.

El informe final no dejaba zonas grises ni párrafos sujetos a interpretación subjetiva:

"En vísperas del accidente del *Columbia* habían vuelto a instalarse en la NASA las prácticas institucionales en uso durante el accidente del *Challenger*, como la inadecuada preocupación por incumplimientos del rendimiento esperado y un silencio total sobre la seguridad del programa".

En el durísimo documento se mencionaba textualmente la existencia de:

"... una cultura del silencio en el seno de la agencia espacial, que a menudo tiende a protegerse a sí misma".

Además se cuestionaba severamente la tendencia a aceptar los problemas detectados en los transbordadores como imponderables, al puntualizar concretamente que la NASA dejó pasar ocho oportunidades para solucionar el problema de los desprendimientos de materiales aislantes durante los lanzamientos:

"Esta actitud continuada hizo que las prácticas defectuosas fueran comunes en el sistema organizado de la NASA durante veinte años, y contribuyeron sustancialmente a ambos accidentes".

No era la primera vez que observadores del programa Shuttle se encontraban con el silencio y la censura como herramientas cotidianas, en la siempre elogiada política de relaciones públicas de la Administración Nacional de la Aeronáutica y del Espacio.

Al mismo tiempo, la comisión contradecía la versión de la NASA sobre la imposibilidad de salvar a la tripulación, en el hipotético caso de que el problema hubiera sido detectado, o si se le hubiera otorgado la relevancia que merecía cuando los técnicos lo señalaron y exigieron en tres oportunidades (por correos electrónicos presentados como evidencia) utilizar fotografías satelitales.

En el informe se aseguraba que, de haber sido informada la falla antes del séptimo día de vuelo, podría haberse organizado una misión de rescate. En este apartado se subrayaba la existencia de:

"... un liderazgo inefectivo que no logró cumplir el contrato implícito de hacer todo lo posible para garantizar la seguridad de la tripulación".

En síntesis, la comisión investigadora estaba afirmando que la NASA no había hecho todo lo posible para salvar las vidas de los siete astronautas.

Más de lo mismo

A diferencia del caso *Challenger*, los investigadores se refirieron puntualmente al tema de las presiones políticas que llegaban cotidianamente a la agencia espacial:

"La Casa Blanca, el Congreso y el liderazgo de la NASA presionaron constantemente para que fueran reducidos los costos".

Aseguraba también que debido a esa tendencia:

"... la infraestructura del transbordador se deterioró".

En ese sentido, se puntualizó que durante la década del noventa el presupuesto del programa Shuttle se había reducido en un 40 por ciento, y que ante la falta de recursos la NASA había confiado demasiado en el trabajo de seguridad de las empresas contratistas, deslindando un compromiso que le era propio e indelegable.

En el plano técnico, el hallazgo de los fragmentos de la nave tras una ardua búsqueda permitió reconstruir el devenir del accidente, y confirmar que la tragedia había sido provocada por el trozo desprendido de espuma de poliuretano. Por último, la comisión recomendaba a la NASA mantener el departamento de seguridad de modo independiente al tema operacional, para que esa división permitiera generar voces críticas, no pasibles de dejarse llevar por las presiones burocráticas.

Harold Gehman, el presidente de la Comisión Investigadora, afirmó poco después de entregar el informe definitivo:

"Debe haber mucha vigilancia y mucho cuidado y atención a los detalles en los próximos seis lanzamientos. La tendencia natural de todas las burocracias, de dormirse y apartarse de una actitud diligente, es una gran preocupación para el Comité, porque la historia de la NASA indica que eso ha ocurrido antes".

Una de las consecuencias de la tragedia del *Columbia* fue el anuncio del presidente George W. Bush, quien aseguró que los transbordadores serían retirados en 2010, cuando terminaran las misiones previstas de control y reabastecimiento de la ISS.

Menos de dieciocho meses habían pasado de los ataques de Al Qaeda en el World Trade Center neoyorquino, y el presidente Bush debía dirigirse al país otra vez para explicar una tragedia nacional:

"La inspiración del descubrimiento y el anhelo de comprensión conducen a la humanidad a la oscuridad más allá de nuestro mundo. Nuestra aventura espacial continuará".

Así, repetía, y en tono similar al utilizado por otro republicano en la Casa Blanca, lo dicho por Ronald Reagan después de la tragedia del *Challenger*.

En el mismo discurso, Bush prometió poner en marcha el Programa Constelación con el objetivo de llevar un hombre a la Luna antes de 2020. Pero todos quienes escucharon ese anuncio sintieron que se trataba de una forma publicitaria de disimular y compensar la pérdida del Shuttle.

Pese a lo dicho por Bush, para gran parte del auditorio aquel era el principio del fin para los transbordadores. Sin ellos, y sin un sustituto listo para despegar, habría que comenzar todo otra vez de cero. Sólo la ISS y sus necesidades salvaron al transbordador de una muerte súbita, pero los programas de vuelo demoraron dos años en volver al espacio.

La noticia de la cancelación del programa *Shuttle* (con un récord total de 133 misiones exitosas y dos trágicas) era una puñalada por la espalda al orgullo de la NASA, pero también ponía seriamente en peligro su financiamiento.

Su proyecto más ambicioso, el más moderno, y el que prometía llevar a Estados Unidos el mayor orgullo, era el que mayor presupuesto consumía, y ahora se derrumbaba a mitad de camino entre el cielo y la tierra.

Peor aun cuando en agosto de 2005, dos años después de la tragedia, el transbordador *Atlantis* despegaba de Cabo Cañaveral; más allá de los rimbombantes anuncios de que todo había funcionado a la perfección, la verdad es que el vuelo habría de repetir algunas de las falencias señaladas ya en el caso *Columbia* (otra vez hubo desprendimiento de material aislante en el despegue), pero con mejor suerte.

"Esperábamos que las autoridades de la NASA hubiesen establecido estándares más altos para después del *Columbia*. En general, estamos decepcionados. Al final de dos años y medio y 1.500 millones de dólares o más, gastados en modificaciones, no está claro qué se ha logrado".

Esta aseveración fue la del lapidario informa del comité de evaluación del nuevo vuelo del Shuttle, que especificaba que la NASA no había aplicado totalmente en el *Discovery* al menos tres de las quince recomendaciones posteriores al *Columbia*: la incapacidad de impedir desprendimientos de aislante y hielo del tanque externo; la imposibilidad de conseguir una protección total de la nave ante esos desprendimientos; la de no poder reparar totalmente daños en órbita.

Más evidentemente que nunca, la NASA seguía sin aprender la lección.

Un año para olvidar

Definitivamente, 2007 no fue el mejor año para la NASA. Si bien no ocurrió una nueva tragedia espacial, varios episodios escandalosos en ese año terminaron por desgastar su imagen pública a niveles bajísimos, y por abrir nuevamente una serie de debates en torno de la eficiencia de la agencia espacial a la hora de justificar los millonarios presupuestos de décadas.

Nunca como en 2007, la NASA ocupó tantas veces la portada de diarios y revistas; en ninguno de los casos, esa figuración se debió a una noticia relacionada al éxito de un vuelo o un récord alcanzado por algún astronauta.

El primer eslabón en la patética cadena sucedió el 21 de abril, cuando un hombre armado se atrincheró en el edificio 44 del Centro Johnson, en Houston, el mando central de todas las misiones de los transbordadores de la NASA.

El atacante, que era empleado de una empresa proveedora de la Administración, se atrincheró en el segundo piso y tomó a dos rehenes. Uno logró escapar y salió ileso, pero el otro (un contratista de MRI Technologies) fue asesinado de un balazo en la cabeza. Y luego de cuatro horas de negociaciones con escuadrones policiales, se suicidó.

El episodio violento ocurría apenas cinco días después de un incidente similar en la Universidad de Virginia, donde treinta y dos personas fueron asesinadas por un estudiante, y coincidió con el octavo aniversario de la matanza ejecutada por dos jóvenes en la escuela secundaria de Columbine, en el estado de Colorado. El director del centro espacial, Mike Coats, alegó en relación con lo sufrido por ellos:

"Ahora tratamos de comprender por qué y cómo ocurrió esto. Pero por supuesto nunca creímos que pudiera suceder aquí, a nuestra familia y en nuestra situación".

El segundo mal trago para la NASA llegó en junio, cuando el director de la agencia, Mike Griffin, respondió el cuestionario de una periodista de la radio pública NPR, referido al problema del calentamiento global. El controvertido funcionario, designado por George W. Bush en 2005, muy suelto de cuerpo afirmó:

"No tengo ninguna duda de que hay una tendencia al calentamiento del clima planetario, pero no estoy seguro de que sea correcto decir que se trata de un problema contra el cual debamos luchar".

En el mismo sentido, aclaró que la responsabilidad de la Administración era:

"... recolectar, analizar y divulgar información. Pero no es la misión de la NASA hacer política sobre posibles estrategias para mitigar el cambio climático".

Curiosamente, las primeras críticas contra Griffin llegaron de uno de sus subordinados, James Hansen, un científico interno dedicado al tema del cambio climático, quien manifestó su estupor ante esas declaraciones, aunque reconoció que luego de escucharlas comprendió mejor por qué la NASA había reducido tan drásticamente el presupuesto destinado a la ciencia:

"Casi me caí de la silla. Fue una declaración escandalosa por el nivel de ignorancia que muestra en relación con la situación actual. [Griffin] Parecía no ser consciente de que 170 países acordaron que el cambio climático es un problema serio, con enormes repercusiones, y que muchas personas sufrirán si no es encarado".

Al día siguiente y ante la enorme repercusión negativa que habían generado sus dichos, Griffin tuvo que salir públicamente a pedir disculpas a científicos e ingenieros por expresar públicamente sus "dudas personales" sobre el tema del calentamiento global. Intentando mejorar en algo su desafortunada declaración, Griffin aseguró que se trataba de:

"... una opinión personal, que no tiene nada que ver con la posición de la NASA al respecto".

De todos modos y más allá de la aclaración, el papelón ya se había consumado.

Con pañales y armas

Y hablando de papelón, ninguno pudo superar al protagonizado en marzo de ese fatídico 2007 por la astronauta Lisa Marie Nowak, quien había integrado una misión espacial del *Discovery* en julio del año anterior.

La crónica del escándalo se inicia con un viaje en auto desde Houston hasta Orlando a toda velocidad, y con la astronauta de cuarenta y tres años, madre de dos hijos, conduciendo sin haber realizado parada alguna durante un trayecto de 1.600 kilómetros. Claro que, para lograr semejante récord, Nowak aprovechó los pañales que había utilizado durante su último vuelo espacial, el año anterior.

¿Cuál era el motivo de su apuro? Quería encontrarse cara a cara con la joven Collen Shipman, capitana de la Fuerza Aérea, de treinta años de edad, que viajaba en avión cumpliendo el mismo trayecto. Shipman era la presunta responsable del derrumbe de su matrimonio con el también astronauta y piloto de la Marina, William Oefelein.

Pero el viaje frenético de Nowak no era solamente producto de un ataque de celos, ya que fue acusada después de pretender secuestrar y de intentar asesinar a la amante de su marido en el aeropuerto internacional de Orlando. Al parecer, Nowak esperó a su rival amorosa en el estacionamiento, oculta con una peluca y un impermeable, aunque luego minimizó:

"Sólo quería hablar con ella sobre nuestras relaciones con Hill, y quizá asustarla un poco".

Sin embargo, la policía encontró en el baúl de su auto una pistola, un cuchillo, un pico, una maza, guantes de goma, bolsas plásticas y hasta un dispositivo para lanzar gas pimienta. Todos, evidentemente, utensilios para hablar mejor.

Presionado por el escándalo mediático, Oefelein se apresuró a confesar ante la policía su *affaire* con Shipman, no sin antes aclarar que estaba claro que su matrimonio con Nowak ya había culminado, y que ella había tomado la ruptura "con calma".

Como parte de la causa, la Justicia difundió una serie de correos electrónicos de alto voltaje erótico, enviados por Shipman y que Oefelein leía en una de sus misiones en la Estación Espacial Internacional (ISS), en 2006. Finalmente, en noviembre de 2009 y tras un acuerdo con los fiscales, Nowak fue condenada a solo dos días de prisión y a un año de libertad condicional, tras declararse culpable de intento de robo y agresión. Además, se vio obligada a cumplir cincuenta horas de servicio comunitario, ocho horas de clases para controlar la ira y a escribir una carta de excusa "muy genuina y sincera" a su ex rival, según la orden del juez. Al igual que Nowak, Oefelein fue despedido por la Asministración.

Como consecuencia del caso Nowak, la NASA ordenó revisar en profundidad las pruebas psicológicas a las que eran sometidos los astronautas hasta ese momento, aunque aclarando en todo caso que el *Nowak-gate* era "un único y desafortunado caso".

Miembros ilustres

Contra lo previsto, la revisión a cargo de un comité de investigación arrojó una conclusión aun más grave que los desbordes de la celosa astronauta: el doctor Richard Bachman, médico de la Fuerza Aérea y presidente del comité, confirmó en base a algunos testimonios recogidos durante la investigación que, al menos en dos ocasiones, la NASA había permitido volar en sus transbordadores a astronautas en estado de ebriedad, vulnerando la prohibición estricta de no consumir alcohol durante las doce horas previas a un vuelo.

La noticia conmocionó al país y puso a la NASA otra vez en la agenda mediática. Según reveló Bachman:

"Los dos incidentes en cuestión se tratan de ocasiones en que los astronautas habían bebido tal cantidad de alcohol antes de volar que los médicos de vuelo y sus colegas astronautas hicieron objeciones en cuanto a la seguridad de dichos vuelos".

No especificó, eso sí, de qué vuelos en concreto se trataba, porque:

"Lo que nos preocupa no es cuándo ocurrieron, sino que sí existieron, y el hecho de que las advertencias de los médicos no se atendieran".

Días más tarde se filtró el dato de que uno de los vuelos señalados por la ebriedad de un astronauta había sido postergado por razones técnicas, y el otro era parte de una misión en la nave *Soyuz* rusa.

Ante la aseveración del comité de que la NASA no contaba con un procedimiento de evaluaciones psicológicas rutinarias a su personal, la subdirectora de la agencia, Shana Dale, tuvo que salir de inmediato a anunciar que en el corto plazo se establecerían:

"... los mecanismos y métodos para una evaluación permanente de los astronautas, que incluya la atención a la conducta de este personal".

Por si fuera poco, en el mismo mes de 2007, la revista *Aviation Week & Space Technology* denunció la existencia del primer caso comprobado de sabotaje contra una de las naves de la NASA. Un empleado de una empresa subcontratada por la Administración había cortado los cables de una computadora que iba a ser colocada en el transbordador *Endeavour*, poco antes de su lanzamiento. Y si bien el daño intencional no representaba un riesgo para la seguridad del vuelo, la revelación no hizo otra cosa más que profundizar la crisis de imagen pública que sufría la NASA por entonces.

La crisis se agravaría poco después, cuando un informe del Congreso confirmó que la NASA había "perdido" equipamiento de oficina por un valor de 94 millones de dólares durante los últimos diez años.

Según el documento oficial, la NASA ya había detectado problemas cinco años atrás con sus materiales, pero en lugar de ajustar los controles los relajó: llevó de 5 mil a 10 mil dólares el valor mínimo de los equipos rastreables, dejando fuera del sistema de localización las computadores portátiles, por ejemplo, valuadas en 4.600 dólares de promedio. Como mínimo ejemplo de esta conducta corrupta, el informe del Congreso mencionaba los casos de astronautas que les habían regalado a sus esposas computadores que, en realidad, pertenecían al Estado, con excusas nada verosímiles, como el alegato de uno de los acusados de sustraer material de las oficinas de la NASA:

"Esta computadora, si bien se me había asignado, era utilizada a bordo de la Estación Espacial Internacional. Se me informó que fue lanzada al espacio para que se incinere en la atmósfera terrestre cuando dejó de funcionar".

Pero si faltaba algo para que la imagen de la NASA se derrumbara a su punto más bajo, eso sucedió en septiembre, cuando tres empleados de la agencia espacial fueron sometidos a juicio por un jurado de San José, en California, acusados de posesión de pornografía infantil en las computadoras del Ames Research Center, de la NASA, en Moofet Field.

Los empleados, de cincuenta y seis, cincuenta y cuatro y sesenta y cuatro años, fueron despedidos por la Administración apenas conocida la novedad, y condenados a cinco y tres años de prisión, además de multados por 250.000 dólares, según informó el fiscal Scout Schools al diario *San Francisco Chronicle*.

Lejos de las estrellas

La singularidad de 2007 es que, hasta ese momento y salvo las tragedias del *Challenger* y el *Columbia*, la NASA había sabido preservar una imagen de seriedad cultivada durante décadas con un ahínco más propio de la publicidad que de la vida real. En ese sentido, vale señalar que muchos de los conflictos protagonizados en el pasado por los astronautas americanos eran rápidamente silenciados por los hombres de la Administración, aun aquellos que acontecían dentro de las cuatro paredes de sus hogares. En ese sentido, el muy vendido libro *El club de las mujeres de los astronautas*, de la periodista Lily Koppel, no hace otra cosa más que profundizar en historias de vida relacionadas con hombres que la propaganda oficial mostraba como héroes impolutos. Allí brinda su testimonio Betty Grissom, la esposa de Charlie, quien integró el tercer grupo de astronautas y murió en 1986 durante un ejercicio de aviación:

"Nuestra misión era apoyarlos, no ser neuróticas, ocuparnos de cuidar de los hijos y del jardín de nuestras casas, y no hacer preguntas. Muchos creían que eran hombres superiores porque viajaban al espacio, y que sus mujeres también debían serlo".

En la mirada de aquellas mujeres, se palpa nítidamente la sensación de angustia generada por el miedo constante que provocaba cada misión, y el tránsito de cada una de ellas de la soledad a una crisis de pareja generada por el cambio de situación de sus maridos: de simples pilotos a mitos vivientes vestidos con escafandras, más allá de que en el fondo todos eran personas de carne y hueso, con falencias y debilidades manifiestas.

Una de esas flaquezas fue la infidelidad como constante. Y caían en ella amparados por el beneficio de dejar a sus familias en Clear Lake, Houston, y viajar constantemente a la Florida, donde los esperaban verdaderos pelotones de fanáticas desesperadas (más conocidas con el eufemismo de *cape cookies*) por pasar algunas horas con aquellos hombres que habían visto de cerca de las estrellas. Jane Conrad evoca:

"Quizá fuera culpa mía, por no haberlo tratado como a los demás. Todo el mundo lo adulaba. Eres fantástico, eres el más grande... ¡y él se lo creía!".

Jane era la mujer de Pete Conrad, el tercer hombre en caminar en suelo lunar, y muy famoso a su regreso por frecuentar bares nocturnos, obviamente siempre bien acompañado.

También eran esas esposas quienes debían asumir el rol de sostén en tiempos difíciles, cuando sus parejas regresaban de cumplir una misión con sabor a hazaña, perdían la motivación para seguir viviendo y se lo pasaban de fiesta en fiesta en busca de algún incentivo.

Cuenta la autora del libro:

"Cuando Buzz Aldrin volvió de la Luna, su esposa creyó que sus vidas volverían a la normalidad. Sin embargo, él, siempre distante, le dijo: 'Es ingenuo pensar eso. Yo ya fui a la Luna... Nada volverá a ser como antes'. Poco después, Aldrin empezó a sufrir de depresión y se sumió en el alcohol, hasta que ella le pidió formalmente el divorcio en 1972".

Pero, más allá de las dificultades para avanzar con sus matrimonios en tan especiales circunstancias, hay un tramo del libro de Koppel que pone especial énfasis en las presiones que las mujeres de los astronautas recibían por parte de la NASA.

Las normas estrictas de conducta impuestas por la Administración, la vigilancia moralista que recibían a cada paso y la amenaza directa de que un divorcio podía dejar a sus maridos sin el vuelo espacial tan anhelado. Y todo redundaba en una tremenda presión.

Explica Jane:

"Si estábamos angustiadas, hacíamos lo posible para que nadie se enterase. Si queríamos un antidepresivo, no se lo pedíamos al médico de la NASA; visitábamos una consulta privada. Pero la NASA no tenía ningún problema en suministrarnos anfetaminas para que nos viéramos delgadas ante las cámaras de televisión".

Para muchas de estas mujeres que eran señaladas como modelo del famoso "estilo de vida americano", que siempre sonreían en las fotos y que parecían imperturbables ante las cámaras, lo que siguió a los problemas maritales fue un divorcio postergado y un extenso proceso de crisis personal. Este proceso las llevó al alcoholismo en algunos casos, y hasta al suicidio en uno de ellos. La conclusión para muchas de estas mujeres se repetía como un estigma: la mayoría hubiera deseado tener a un marido carpintero o albañil, antes que astronauta.

Sin embargo, para el negro 2007 los problemas en la dañada imagen de la NASA eran mucho más graves que la serie de numerosas crisis matrimoniales de sus astronautas.

Desprestigiada por la peor sucesión de episodios escandalosos, para la NASA era el final de un ciclo de aguda crisis. Erosionada su imagen invicta y orgullosa, sólo restaba esperar el cierre del programa de transbordadores y que, con ese anuncio, arribara el final de una era.

Por primera vez en cuatro décadas, el poderoso Estados Unidos se quedaba sin naves propias para viajar al espacio.

Capítulo 4

De la perra Laika al mono Juan

Un zoológico espacial

"Algo está haciendo el hombre / –comentó el universo– / mirando hacia la Tierra, / con sus millones de ojos. / Y tú, perrita mansa/ de siberiano encaje, / con tu abrigo de ciencia / escribiendo la historia, / barriendo meteoros/ para los pies del hombre / girabas y girabas...".
Fragmento de "Elegía en la muerte de Laika",
del poeta panameño Carlos Francisco Changmarín

Los días que siguieron a la triunfal puesta en órbita del satélite artificial *Sputnik*, Sergei Korolev no podía ni quería disimular su euforia.

Ese ucraniano, ingeniero jefe del programa espacial soviético, de gesto adusto y modos recios, entrenado para pronunciar pocas palabras, negociar hábilmente con los dirigentes del Partido y superar la desconfianza de los militares, que había superado por poco la condena a trabajos forzados en un Gulag stalinista por la delación de un colega, sabía mejor que nadie que con ese éxito inicial se abría un mundo de oportunidades ilimitadas para su proyecto. Más aun después de constatar personalmente el impacto mundial de la noticia y la desbordante satisfacción de los dirigentes del Kremlin, por haberles propinado a los americanos un golpe durísimo a su pedantería tecnológica.

Ese pequeño artefacto de diseño sencillo, de 58 centímetros de diámetro y 83 kilos de peso, girando en el espacio desde el 4 de octubre de 1957, era la mejor carta de presentación para un rejuvenecido Korolev. De allí en adelante, su presencia sería requerida en cada evento social importante y sus exigencias presupuestarias serían atendidas de un modo prioritario en los despachos de la Nomenklatura. Era el momento; Korolev lo sabía.

Si los dirigentes del Partido querían impacto, él les daría impacto. Particularmente, si el que le reclamaba una nueva hazaña espacial era un entusiasta Nikita Kruschev, allí estaría Korolev para avanzar un paso más hacia lo desconocido, para romper con los límites de lo posible y cambiar la historia, una vez más. Y apenas se reunieron para festejar el suceso del *Sputnik*, Kruschev no anduvo con vueltas.

El 7 de noviembre de 1957 se cumplirían cuarenta años del inmortal triunfo bolchevique de Lenin y compañía. La consigna era que, para antes de esa fecha, la Unión Soviética debía conmover al mundo nuevamente.

Una idea brillante

Korolev no se inmutó ante el desafío que le imponía el todopoderoso líder del Kremlin. De hecho, tenía un plan en carpeta, y no dudó en proponérselo de inmediato en aquella reunión histórica:

"Podemos poner un perro en órbita. Sería el primer ser vivo en viajar al espacio...".

Kruschev escuchó la propuesta ensimismado, sonrió y por un momento logró imaginarse con precisión el rostro azorado de Dwight Eisenhower, su par norteamericano, quien pocos días atrás, en ocasión de intentar explicar ante la prensa de su país cómo los rusos habían llegado primero a colocar en órbita un satélite artificial, sólo pudo alegar despectivamente:

"Pero apenas se trata de una pequeña pelota de aire...".

¿Qué excusa tendría que inventar ahora Eisenhower para minimizar la superioridad soviética, cuando se enterara de que el comunismo pondría al primer ser vivo en órbita? Una sonrisa selló el acuerdo.

Si bien la brevedad del plazo para la misión asumida por Korolev rozaba la temeridad (¡apenas un mes!), también es cierto que el ingeniero ya había proyectado lanzar animales al espacio desde, al menos, 1949, cuando se había puesto en contacto por primera vez con el Instituto de Medicina de la Aviación, en Moscú, para estudiar la viabilidad de experimentos y recopilar datos biomédicos.

Después de todo, los veinte lanzamientos suborbitales con animales realizados desde entonces y hasta mediados de 1967, con el adicional de algunos segundos de ingravidez y de la recuperación con vida de 16 de esos seres, podían resultar antecedentes muy útiles para eliminar fases de estudio preliminares y quemar etapas para alcanzar un objetivo de máxima repercusión en tan corto plazo.

En ese proceso previo se barajaron como opciones los conejos, los ratones y los reptiles, pero la opinión general de los científicos se inclinó hacia los perros. El espionaje industrial, en pleno apogeo durante la Guerra Fría, aportaba informaciones útiles acerca de los avances experimentales del otro lado de la Cortina de Hierro, así que los soviéticos seguían con atención las pruebas norteamericanas con simios. A la hora de la selección definitiva, si bien admitían la importancia de la similitud fisiológica con el hombre para el desarrollo de los estudios comparativos, para los soviéticos los monos se caracterizaban por un comportamiento demasiado nervioso y agresivo en las particulares condiciones de un vuelo orbital. Una actitud que, en el caso de los perros, mermaba de un modo considerable.

La cuestión era, al igual que en el caso del *Sputnik*, llegar primero. No importaba cómo, pero había que lograrlo antes. No había mérito alguno en un segundo puesto en esa carrera tecnológica; el segundo nunca recibía la atención mediática del pionero. Y, sin el impacto a nivel global, la guerra propagandística se perdería inexorablemente. De allí la urgencia de Moscú para el reclutamiento de los canes.

Una primera condición excluyente era su tamaño pequeño (clave para que los animales entraran cómodamente en las diminutas cápsulas). Otra decisión clave fue la de utilizar hembras (más tranquilas que los machos), y de colores claros (para ser fotografiadas con mayor facilidad, siempre pensando en el impacto mediático). La tercera tuvo que ver con la necesaria tolerancia a los cambios y a la dureza del entrenamiento físico que se les impondría. Por ese motivo, el objetivo de los seleccionadores apuntó a los perros callejeros, mucho más habituados a los rigores de la vida cotidiana que los mansos y humanizados perros caseros o adiestrados.

Para el lanzamiento desde Baikonur, Korolev trabajaba día y noche, pero contaba con la certeza del buen funcionamiento del modelo anterior, así que el trabajo mecánico de montaje se limitó a reproducir el cohete R-7 que había puesto en órbita al *Sputnik* algunos meses atrás. Definitivamente, se trataba de un problema menos.

El cosmonauta Georgi Grechko, remarcando una vez más el extraordinario trabajo de Korolev y sus hombres en un plazo ridículamente exiguo, destaca:

> "Aun ahora, cuando tenemos computadoras y un sofisticado equipamiento industrial, láser y otras cosas, nadie es capaz de hacer un satélite nuevo en apenas un mes".

En cuanto a la cabina presurizada donde viajaría el animal, los ingenieros se abocaron a preparar un cilindro de aluminio de 80 centímetros de longitud y 64 centímetros de diámetro, con una escotilla en un extremo, no posicionada allí para que el perro disfrutara del paseo espacial precisamente, sino para que los técnicos mantuvieran sus movimientos bajo control durante el tiempo de espera en la rampa de lanzamiento.

En la cabina, las reservas de oxígeno y alimentos alcanzarían para sobrevivir durante siete días, mientras que un sistema de telemetría con sensores aportaría al centro de control los datos básicos: signos vitales, respiración y parámetros fisiológicos, por ejemplo. En tanto, el perro se mantendría sujeto a la butaca con algunas correas elásticas, que le permitirían una cierta movilidad. Podría echarse, pararse o sentarse, pero no darse vuelta.

El único límite tecnológico para Korolev y su equipo era imposible de resolver en un plazo tan corto: no había manera de hacer regresar con vida a un animal desde una distancia orbital, ya que la estructura de los escudos térmicos de las naves recién se estaba perfeccionando en esos momentos. De modo que todos los integrantes del equipo sabían con certeza que el viaje del animal sería sólo de ida, y que el perro elegido no volvería nunca de su misión espacial.

De allí que la decisión de elegir al tripulante fue todo un tema sensible para los científicos con la responsabilidad de esa tarea. Tres perras llegaron a la última ronda como candidatas: sus nombres eran Albina, Muja y Laika.

Albina contaba con sobrada experiencia previa en vuelos suborbitales, pero tenía cachorritos a su cargo, de modo que fue la primera descartada en la piadosa selección. Muja también tenía en su haber un pasado en un centro de entrenamiento para pruebas de instrumentación, pero quedó fuera de competencia por un motivo superficial: un mínimo defecto en una de sus patas, que no le impedía ningún movimiento básico pero la hacía –eso sí– poco fotogénica a la hora de imaginar el despliegue mediático. De modo que la elegida por descarte fue la pequeña Laika ("Labradora", en ruso), una perrita callejera de dos años de edad, unos 6 kilos de peso y un comportamiento tranquilo, que había sido bautizada con ese nombre por los miembros del equipo espacial, por su sonoro ladrido.

La mejor amiga de los soviéticos

Trasladada al centro de lanzamiento de Baikonur, Laika encaró la última etapa de su preparación bajo la tutela del director del Instituto de Problemas Biomédicos de Moscú, Oleg Gazenko. Debía pasar varias horas en la cabina de vuelo para permitir su aclimatación ante las vibraciones, ruidos y aceleraciones de fuerza centrífuga, y al mismo tiempo para que monitoreasen al detalle su comportamiento.

Más allá (y en desmedro) de la propaganda posterior difundida desde Estados Unidos, la verdad es que los técnicos de Baikonur terminaron encariñándose con aquella pequeña perrita. Incluso, el responsable de su selección, el especialista en biomedicina Vladimir Yazdovsky, poco antes de la fecha del lanzamiento, pidió permiso a sus superiores para llevarse a Laika a su casa por unas horas.

"Era una perra maravillosa, tranquila y muy apacible. La llevé a casa y se la enseñé a mis hijos para que jugaran con ella. La verdad es que quería hacer algo bueno por la perra. Tenía tan poco tiempo para vivir...".

Así evocaría luego el técnico aquellos días, conmovido por la culpa que le generaba esa imagen imborrable: sus hijos pequeños jugando con la perrita que, horas después, partiría sin regreso al espacio.

Pero, para el 3 de noviembre de 1967, ya no había resquicios para sentimentalismos en Baikonur. A las 5.30 de la mañana, Laika partía rumbo a la inmortalidad, impulsada por un cohete R-7. Pocos segundos después, ya superada la barrera atmosférica, la nave quedó orbitando en el solitario Cosmos.

Viva y en buenas condiciones de salud (si bien su ritmo cardíaco se había triplicado durante el despegue, la ingravidez prolongada no parecía perjudicial para ella), Laika era totalmente ajena a un acontecimiento extraordinario para la historia de la humanidad.

La noticia no demoró en ser difundida desde los teletipos de la agencia de noticias soviética TASS a todo el mundo: un ser vivo orbitaba alrededor de la Tierra. Los comunistas lo habían hecho otra vez.

Heroína y mártir

Lejos de los libros de historia y las disputas por la hegemonía planetaria, el derrotero de Laika en el Cosmos fue tan triste como breve. Apenas seis horas y cuatro órbitas toleró su pequeño cuerpo las duras condiciones de vuelo. Murió agitada y ladrando hasta el final por culpa del estrés sufrido, y también por las altas temperaturas en el interior de la cabina.

Nunca se supo a ciencia cierta si el fallo que impidió que una sección de la nave se desprendiera, como estaba pautado, generó un resquebrajamiento en el material aislante que cubría la cápsula o si el desperfecto ocurrió en el sistema encargado de disipar el calor del interior. Lo concreto es que, preocupados por el impacto mediático que podría generar la traumática muerte del animal, los soviéticos prefirieron ocultar la verdad. Después de asegurarse de que el animal regresara a la Tierra en paracaídas, terminaron por instalar una hipótesis un poco más piadosa. Fue el científico del Instituto de Problemas Biológicos de Moscú –y también participante de la misión–, Dimitri Malasheko, quien se encargó de difundir, durante un congreso en Houston, en octubre de 2002, la verdad. Y lo hizo con pruebas irrefutables

Pero durante décadas los soviéticos aseveraron que Laika se mantuvo con vida una semana, y que antes de que se acabase el oxígeno en la cápsula se le había administrado una dosis de sedante.

El *Sputnik* 2 siguió girando alrededor de nuestro planeta hasta completar su órbita número 2.570. El 18 de abril de 1958 se calcinó en contacto con la atmósfera terrestre y se perdió para siempre.

Laika se transformó desde entonces es un símbolo contradictorio.

Por un lado, confirmaba la evolución técnica del hombre, que era capaz de enviar al Cosmos una nave habitada por un ser vivo, verdadero tubo de ensayo para una próxima aventura: la de un ser humano, solitario, en el espacio. Por el otro, la empatía internacional que había logrado aquella pequeña perrita terminó entristeciendo a millones de personas, que anhelaban todavía ver de regreso a aquel animal heroico, y tuvieron que enterarse, a disgusto, de su traumático fin.

Uno de los integrantes del equipo que había adiestrado a Laika, el apesadumbrado Oleg Gazenko, admitió arrepentido años después:

"Cuanto más tiempo pasa, más lamento lo sucedido. No debimos haberlo hecho... Ni siquiera aprendimos lo suficiente en esa misión como para justificar la pérdida del animal".

Años más tarde, después de aquel vuelo orbital sin precedentes, Yuri Gagarin confesaría, en tono irónico y también en referencia a Laika ante la prensa:

"Todavía hoy no sé si yo soy el 'primer hombre' o el 'último perro' en volar al espacio".

Lo único cierto es que Laika fue sólo la primera víctima de la carrera espacial. Después de ella, otra docena de perros fue lanzada al espacio desde Baikonur. Sólo cinco sobrevivieron; entre ellos, las perritas Belka y Strelka, las primeras en regresar vivas y coleando a la Tierra, en 1960. Pero después de Laika y debido a la mala publicidad generada por su deceso, ningún otro vuelo con animales se lanzó en la Unión Soviética sin que existiese un sistema montado para el retorno.

Nuestros abuelos en vuelo

A partir de ese momento, la muerte de Laika fue una pieza más en el tablero de ajedrez de la propaganda de Washington contra Moscú. Expresiones de indignación por la suerte del animal se escucharon del otro lado del mundo, particularmente de parte de organizaciones de defensa de los derechos de los animales; pero nadie se atrevió a recordar en ese momento que también Estados Unidos también tenía en su haber varios cadáveres ocultos en el sótano de su programa espacial.

En junio de 1948 el mono Albert 1 fue lanzado en un cohete V-2 (aquéllos diseñados por el científico alemán Wernher von Braun, con pasado nazi), y no soportó ni siquiera el despegue; murió sofocado durante la espera.

Su sucesor, Albert 2, completó un vuelo suborbital a 132 kilómetros de altura, pero murió durante el retorno, por un fallo en el paracaídas.

Siguiendo con la lista macabra de monos, Albert 3 murió durante una explosión en pleno ascenso, en septiembre de 1949.

El 8 de diciembre de ese mismo año, Albert 4 tampoco escapó al designio mortal de sus antecesores: otra vez, no se abrió su paracaídas. Poco después, Albert 5 sobrevivió al vuelo pero murió dos horas después del aterrizaje, presumiblemente de sed, porque el equipo de rescate nunca llegó a tiempo...

La lista de monos del programa espacial americano caídos en desgracia no se detiene en estas criaturas. Al menos hasta enero de 1961, cuando lograron que el chimpancé Ham volara en la nave *Mercury Redstone*, alcanzara una altitud de 253 kilómetros, experimentara seis minutos de ingravidez y amerizara con vida en el Atlántico, donde fue recuperado por un barco norteamericano.

Pero el éxito de Ham no anula la triste historia de los ejemplos previos, nunca mencionados por la propaganda estadounidense.

Este país debería asumir alguna vez una actitud seria, y confirmar que el doble discurso y la hipocresía también fueron armas importantes en la competencia contra su adversario comunista.

Una estrella más

Volviendo a la pionera, una suerte distinta imaginaron para Laika diversos narradores y hasta grupos musicales. La escritora Jeanette Winterson, en su novela *Weight,* imaginó que el animal era adoptado por el titán griego Atlas, quien la había encontrado vagabundeando por el Cosmos.

En la novela *Intervention,* de Julian May, se afirma que la perrita fue rescatada por seres extraterrestres. Pero más allá llegaron los autores del famoso cómic *Flash Gordon,* quienes imaginaron que Laika había sido bien recibida por una raza de criaturas lunares con aspecto perruno.

Muchos años más tarde, ya en los años noventa del recién pasado siglo, el grupo musical español Mecano le dedicó una popular canción a la perrita soviética, que termina de la siguiente manera:

"Preparando está ya el cohete para zarpar, / el control en tierra dice a Laika adiós. / Una noche en el telescopio / una nueva luz apareció. / Nadie pudo darle una explicación/ al asomo del nuevo sol. / Y si hacemos caso a la leyenda / entonces tendremos que pensar / que en la tierra hay una perra menos/ y en el cielo una estrella más".

Pero, lejos de la creatividad de compositores y narradores, de los *flashes* fotográficos y los titulares del periódico *Pravda,* ajeno a los festejos de los burócratas de la Nomenklatura por la nueva patada asestada en el orgulloso trasero americano, un técnico soviético busca el rincón más solitario del cosmódromo de Baikonur.

Vladimir Yazdovsky, quién otro, habrá disimulado de todas las maneras posibles esas lágrimas rebeldes asomadas a sus ojos tras seguir en detalle las alternativas del histórico vuelo de Laika. Para él, no había manera de quitarse la imagen, plena de ternura y melancolía, que la memoria le repetía: sus hijos jugando alborotados en el patio de su casa con aquella perrita inmortal que había cambiado la historia de los hombres para siempre.

Tortugas en la Luna

Es exactamente así: los primeros terrícolas que pisaron el suelo selenita y volvieron para contarlo (aunque no literalmente), el 15 de septiembre de 1968, no fueron los astronautas americanos de la *Apolo 11*, sino dos tortugas soviéticas (acompañadas en el viaje por escarabajos, plantas y diversos microorganismos), protagonistas de la misión *Zond 5*.

La singularidad de su caso fue que esas tortugas, de la especie *Testudo horsfieldi* (conocidas vulgarmente como "tortugas rusas"), regresaron a nuestro planeta con vida, previa escala por un turbulento infierno de 1.300 grados centígrados al atravesar la barrera atmosférica, y tras un descenso balístico para nada sencillo, que culminó con el amerizaje en las aguas del océano Índico. Y de allí fueron rescatadas por un buque Borovichi de la Academia de Ciencias de la Unión Soviética.

La leyenda de aquella misión de rescate refiere que los marinos se asustaron cuando escucharon ruidos extraños provenientes del interior de la cápsula, suponiendo quizá que se podía haber activado algún sistema de autodestrucción de los que usualmente los científicos colocaban para que las cápsulas no cayeran más allá de las fronteras soviéticas. Pero nada de eso. Las inquietas tortugas eran las que pugnaban por salir de aquel calvario. Una vez liberadas, se mostraron muy activas, aunque con un 10 por ciento menos de peso, y una de ellas con la triste novedad de haber perdido un ojo, casi seguro durante el vibrante reingreso a la atmósfera terrestre. Eso sí, estaban hambrientas.

Habían sido elegidas para la misión debido a su bajo consumo de oxígeno y también por su capacidad de supervivencia sin alimentos durante varios días. De hecho, las tortugas no probaron bocado desde que fueron introducidas en la cápsula (varias horas antes del momento del despegue) hasta que regresaron de su aventura espacial.

Antes del vuelo exitoso, los soviéticos ya eran perfectamente conscientes de que el programa Apolo estadounidense había evolucionado lo suficiente como para lograr lo impensado algunos años antes: sobrepasarlos en la carrera contra reloj para llegar primero a la Luna. Pero, pese a la dura realidad, el plan continuaba avanzando en procura de, al menos, enviar a un cosmonauta en un vuelo orbital alrededor del satélite terrestre.

Una sucesión de problemas de financiamiento y desgracias inesperadas terminaría por aniquilar definitivamente las aspiraciones soviéticas de llegar primero a la Luna, a saber:

- La caída en desgracia, en la cúspide del Partido Comunista, de Nikita Kruschev, principal impulsor de las hazañas espaciales durante su gestión.
- Una absurda riña palaciega en el corazón del programa espacial, entre Vladimir Chelomei, el padre de las estaciones espaciales, y Valentin Glushko, quien había delatado a Korolev ante la policía secreta del stalinismo.
- El desgaste, consecuencia de ese choque, sufrido por Cheloimei, y en consecuencia, del programa espacial, ya que sus rivales eran cercanos al nuevo mandamás comunista, Leonid Brezhnev.
- Finalmente, la muerte del propio Korolev, el 14 de enero de 1966.

El deceso de éste último, por causas inciertas, abrió la puerta a un desfile de nuevas teorías conspirativas. Se mencionó incluso que había sido eliminado durante una operación quirúrgica, como represalia a graves errores en los últimos años de su gestión. Lo cierto es que, sin Korolev, quedaba huérfano y sin una dirección unificada el programa más extraordinario en la historia de la investigación espacial. Como daño colateral, en su destacado equipo profesional se generó una caída de la moral que paralizó el trabajo durante semanas. Y ya nada fue lo mismo.

Los intentos de Vasili Mishin, su mano derecha y luego su sucesor como diseñador jefe, por reubicar la ingeniería heredada por Korolev y por alcanzar un gran objetivo antes del cincuentenario de la Revolución Rusa fueron vanos.

Entre marzo de 1967 y julio de 1968, se lanzaron siete naves desde Baikonur, pero sólo tres alcanzaron el espacio. La *Zond 5* con su carga biológica a cuestas rompió la racha de malas noticias en septiembre de 1968, y si bien el vuelo presentó fallas numerosas (no funcionaron los sensores estelares, y el sistema de reorientación de la nave se desconectó), la pareja de tortugas rusas alcanzó lo anhelado por todos: alunizar.

De todos modos, el destino final de las tortugas no parece digno de envidia. Terminaron en la sala de disección, pues los científicos se encargaron de analizar cada detalle de sus organismos luego de la odisea. Por su parte, la historia de Mishin al frente del programa lunar tampoco fue para nada sencilla. Sin el carisma y la autoridad de Korolev, sus proyectos se estancaron en los escritorios de los funcionarios, y jamás logró la confianza del equipo de cosmonautas que se preparaba para protagonizar los próximos vuelos.

Es más: en mayo de 1967, Yuri Gagarin y Aleksei Leónov se reunieron con su superior responsable, Nikolai Kamanin, para manifestar su incomodidad por la ineficacia absoluta demostrada por Mishin en el trabajo de preparación de la nave espacial *Soyuz*.

La situación se agravó radicalmente en julio de 1971, cuando los tres tripulantes de la *Soyuz 11* murieron por una filtración de gases, luego de la despresurización de la cápsula durante su regreso a tierra. Y finalmente, en 1972, Mishin fue despedido con más pena que gloria, y sustituido por su rival en el sector, Valentin Glushko, después de otros cuatros lanzamientos fallidos. Poco después, el propio Brezhnev, disgustado por los avances espaciales de los americanos, se encargaría de clausurar el proyecto.

La Luna pisada por humanos, para los soviéticos, seguiría siendo un sueño eterno.

Probar con los enemigos

El elemento exótico en el proceso de enviar animales al espacio lo aportaron los franceses, que emplearon un gato. Por primera y única vez, los científicos galos se atrevieron a tal emprendimiento y determinaron, en 1963, que el animal elegido para el viaje orbital sería un felino hembra de nombre Félicette. Pero antes viajaron sus enemigas naturales, las ratas, pues detrás del gato parisino hay otra historia interesante: la del general Charles de Gaulle y su mirada curiosa ante los avances de la cosmonáutica soviética y norteamericana, con los vuelos tripulados por seres vivos.

Esa mirada fue la que impulsó un programa espacial alrededor del CIEES, un polígono de pruebas para cohetes y misiles construido en 1949 y enclavado en Hamaguir, en el centro del desierto argelino. Allí se desarrollaba la familia de cohetes *Veronique* (por la conjunción del nombre *Ver*non électr*onique*), armados para estudiar la alta atmósfera y perfeccionar los sistemas de navegación de los futuros misiles. Durante la posguerra, específicamente en 1955, París no se resignaba a retroceder en el mapa geopolítico y a quedar detrás de las principales potencias mundiales. Así había aprobado la creación del CERMA, un centro de entrenamiento con el objetivo de estudiar los efectos de los vuelos de gran altitud en el organismo humano. La institución estaba dirigida por el científico Robert Grandpierre, el hombre que le prometió a De Gaulle llevar un animal al espacio.

Sin embargo, los misiles Veronique carecían de la potencia suficiente para ese objetivo, por lo que la ambición primaria debió resignarse a un también significativo vuelo suborbital. En febrero de 1961, se produjo el primer lanzamiento: el pequeño cosmonauta designado fue la rata Héctor, que alcanzó una altura record de 111 kilómetros, superando de hecho el límite subjetivo del espacio, pautado en el centenar de kilómetros.

Claro que Héctor no viajaba con mucha comodidad en el cohete: un aparatoso electrodo se le había implantado en el cráneo para monitorear sus reacciones durante el vuelo inaugural, según un diseño patentado por el doctor Gerard Chatelier. Sin chance de protestar por la molestia del casco, la rata cumplió exitosamente con su misión y descendió a tierra en la cápsula gracias a un paracaídas, luego de que el contenedor se separase del cohete en pleno ascenso y sin inconvenientes.

Saludada como un héroe por la prensa francesa, el destino de Héctor careció de reconocimiento: seis meses después de su hazaña, la rata fue sacrificada por el plantel de científicos, para analizar en detalle su organismo.

Pero Héctor no sería la única rata espacial; en octubre fueron lanzados al Cosmos otros dos cohetes con las ratas Castor y Pólux. Si bien Castor alcanzó una altura de 120 kilómetros en su cohete *Veronique AGI-37*, y regresó a la tierra sin percances, finalmente murió por las altas temperaturas del desierto argelino, esperando una misión de rescate que nunca llegó a tiempo porque el aterrizaje fue mucho más lejano que lo previsto. La suerte de su camarada Pólux tampoco fue venturosa: el cohete *Veronique AGI-36*, que lo catapultó hasta los 110 kilómetros, desvió su rumbo y jamás pudo ser encontrado.

Siete vidas para un gato francés

Después de las pruebas experimentales con roedores, quedaba claro que Francia estaba en condiciones de planificar el vuelo de un animal más grande. La curiosidad del caso es por qué un gato. No sólo los felinos no presentan similitudes fisiológicas con el hombre (como podría tenerlas un mono, por ejemplo), sino que tampoco se someten mansamente a la autoridad humana, como sí lo hacen los perros entrenados. De modo que no hay analista espacial que aporte razones concretas del porqué de la elección del gato por parte de los estudiosos galos, más allá del deseo evidente de diferenciarse de sus colegas soviéticos y americanos a la hora de experimentar.

El caso es que en las tareas previas a la misión se seleccionaron catorce felinos, que si bien fueron bien alimentados (algunos incluso llegaron a mostrar notorios problemas de sobrepeso), también debieron atravesar las más insoportables pruebas de vibraciones, de ruidos agudos y el paso por cámaras centrífugas, hasta determinar quién sería el primer cosmonauta gatuno de la historia.

Dos ejemplares llegaron a la final: uno, Félix, un gato callejero –al igual que los soviéticos con los perros, se consideraba que un gato en situación de calle tendría un índice de tolerancia mucho mayor que uno domesticado–, atrapado por el dueño de una tienda de mascotas que se lo vendió al gobierno sin imaginarse el destino de aquel vagabundo. El otro, Félicette, fue designado como primer sustituto.

Previamente al vuelo, los dos felinos fueron sometidos a una larga operación para implantarles los electrodos en sus cráneos. Supuestamente, estaba todo listo. Al parecer Félix se llevaría todo el crédito y París sería una fiesta, pero a los pies del primer gato cosmonauta.

Félix, en cambio, tenía otros planes. El gato aprovechó un momento de distracción de sus celadores y la noche anterior a su hazaña se escapó. Inútiles fueron las conjeturas de quienes señalaban que el animal vio venir las desventuras de su misión, y sin pausa ni ceremonial algunos tuvieron que preparar a Félicette, ubicarla en el habitáculo y disponerla para el lanzamiento.

En la mañana del 18 de octubre de 1963, el gato francés (la gata, en verdad) despegó de Hammaguir y se elevó hasta alcanzar la altura record de 156 kilómetros. A esa distancia, es presumible que haya sentido, al menos durante cinco minutos, los efectos de la ingravidez. Trece minutos después, la cápsula aterrizaba con un magullado pasajero a bordo, pero vivo y listo para transformarse en una efímera celebridad parisina.

De todos modos, el programa de vuelo francés se clausuró algunos días más tarde, cuando otro gato (sin nombre público conocido, una maniobra común en este tipo de tragedias para evitar que la opinión pública sintiera algún tipo de empatía por el pobre animal) ascendió hasta los 88 kilómetros, pero murió poco después por una explosión en el lanzador.

El fracaso de este vuelo determinó la interrupción del programa espacial francés. Para quienes se interesen por el devenir de Félicette, habrá que señalar que no hay información fiable sobre ella, aunque es posible que haya atravesado una serie de estudios médicos. Lejos de allí, bien escondido en algún rincón del centro espacial, el astuto Félix seguiría lamiéndose las patas y suspirando por haberse librado de aquel calvario que lo tenía como involuntario protagonista.

Proezas argentinas

Contra lo que podría presumirse, la experimentación con vuelos suborbitales no fue sólo patrimonio de las principales potencias mundiales. También algunos países del denominado Tercer Mundo se animaron a impulsar su pujante industria espacial, como fue el caso de la Argentina.

La tradición aeronáutica en el país sudamericano había permitido un interesante desarrollo desde 1927, año en que se inició la construcción de aviones, y a finales de los años cuarenta, cuando se creó el primer misil teledirigido diseñado en el país (el Tábano). Pero recién en la década del sesenta se profundizó un programa de lanzamiento de cohetes sonda.

La consecuencia de tantos años de trabajo metódico fue que, el 11 de abril de 1967, se embarcó dentro de una cápsula acoplada a un cohete *Yarará*, con capacidad para 25 kilos de carga útil, una tripulante singular: una rata de nombre Belisario.

"Belisario fue seleccionado entre varias ratas que no sospechaban lo que les depararía el destino. Ésta fue la más dócil y rápidamente se adaptó al uso del arnés y el chaleco".

Quien dio ese detalle fue el ingeniero Pablo De León en su libro *Historia de la actividad espacial en la Argentina*. El objetivo era realizar estudios en los roedores a una altura de 25 kilómetros, pero sin alcanzar una órbita. El regreso de la rata fue exitoso, si bien había perdido algunos gramos durante el viaje, por el estrés.

El siguiente vuelo con otra rata como tripulante se realizó ocho días más tarde, pero esta vez la suerte a Celedonio (así se llamaba el roedor cosmonauta) le fue adversa. La cápsula *Orión 2* se desprendió defectuosamente del cohete propulsor, y esa falla generó que poco tiempo después no se desplegara correctamente el paracaídas.

En el caso de Belisario, considerado el primer cosmonauta argentino, siguió sus días en el Instituto de Biología Celular de la Universidad de Córdoba, donde había nacido. El dato saliente es que, después de exhaustivos exámenes médicos, ni éstos ni el viaje espacial le impidieron ser padre de numerosas ratitas. Tras su muerte, su cuerpo fue embalsamado y colocado dentro de la misma cápsula que lo llevó al espacio, como extravagante atracción turística.

Para 1969, el mismo año en que los astronautas de la *Apolo 11* pisaban la superficie selenita, los científicos argentinos organizaban desde el Centro de Experimentación y Lanzamiento de Proyectiles Autopropulsados de Chamical, en la provincia de La Rioja, el desafío más importante de la historia de la astronáutica regional: enviar un mono al espacio suborbital utilizando tecnología propia, y transformarse así nada menos que en el cuarto país del mundo capaz de semejante hazaña, por detrás de la Unión Soviética, Estados Unidos y Francia.

El proyecto ideado por un grupo de ingenieros, mecánicos y científicos fue bautizado con el nombre de "Experiencia BIO 2", y contaba como disparador con el cohete sonda *Canopus 2*, de unos cuatro metros de largo y 50 kilos de carga útil. En el caso del habitáculo presurizado que utilizaría el mono, los ingenieros habían diseñado un modelo con temperatura estable, con oxigenación adecuada y con una butaca especial, para que el animal resistiera la fuerte aceleración del despegue. Pero que además contaba con un escudo térmico preparado para resistir temperaturas de hasta 450 grados durante la fricción.

La balada del mono Juan

Estaba claro que el objetivo era traer al mono de regreso. Por eso se instalaría un sistema telemétrico de avanzada, para monitorear en tiempo real la información acerca de su estado físico. El mono elegido para el experimento se llamaba Juan, tenía 18 meses de vida, medía 30 centímetros, pesaba un kilo y medio y había sido capturado en Misiones por la Gendarmería Nacional.

Según le comentó el doctor Hugo Crespín a la revista *Siete Días*:

"Es muy díscolo; varias veces trató de escaparse, y tuvimos que doparlo cuando necesitamos tomarle las medidas para diseñar el asiento que lo llevará al espacio".

El ascenso de Juan duró 18 minutos en total, hasta alcanzar por inercia los 82 kilómetros de altura, todo un récord para el programa argentino. La cápsula con el mono volvió a tierra quince minutos más tarde, luego de que el habitáculo desplegara unas aletas para estabilizarse y frenar el fuerte descenso a 400 metros por segundo.

El último paso sería abrir el paracaídas y rastrear al mono. A 60 kilómetros de distancia del despegue, sobre una salina riojana, un helicóptero de la Fuerza Aérea trasladó a los técnicos que encontraron la cápsula de Juan. Segundos de enorme ansiedad siguieron hasta que se logró abrir la hermética escotilla y uno de los doctores sacó al mono, sano y salvo, aunque un poco desorientado por los efectos residuales del sedante que le habían inyectado poco tiempo antes del despegue.

La vida de Juan después de su hazaña fue todo lo apacible que puede ser la de un mono en cautiverio. Se transformó en la gran atracción del jardín zoológico de Córdoba durante los restantes dos años de vida.

En cuanto al interesante desarrollo de cohetes argentinos, habrá que señalar que el último lanzamiento se efectuó en febrero de 1970, cuando enviaron al espacio una mona hembra llamada Cleopatra, que alcanzó una altitud de unos 20 kilómetros a bordo del cohete *Pantera X-1*, pero murió al estrellarse en el aterrizaje.

La decepción por la muerte del animal, sumada a la crisis económica que erosionó la economía regional, empujaron al cierre del Instituto Civil de Tecnología Espacial, pese a que los objetivos que se habían pautado para el futuro eran los de logar poner en órbita satélites propios mediante tecnología local. El siguiente paso fue desmantelar todo el programa durante los años ochenta y noventa, por razones políticas, principalmente vinculadas a presiones que llegaron desde Estados Unidos, sobre todo para no avanzar con la ejecución del proyecto de misiles Cóndor.

Pese a todo, el recuerdo de las hazañas de Belisario y Juan permite confirmar que el terreno de la experimentación espacial no sólo es patrimonio de los países poderosos. De hecho, en 2013 hasta Irán envió una cápsula al espacio y puso en órbita a un mono, antes de traerlo de regreso con vida.

Para el mediano plazo, Teherán asumió el desafío de colocar a un hombre en órbita, en el marco de un programa de desarrollo espacial que es observado con alarma por los analistas estadounidenses.

Epílogo

"Por primera vez veo con mis propios ojos la forma esférica de la Tierra. Puedo ver su curvatura, incluso mirando hacia el horizonte. Es un espectáculo único y maravilloso...".

Yuri Gagarin

Las palabras arriba transcriptas reflejan la emoción por la primera visión humana del planeta Tierra desde el espacio, durante el vuelo orbital del 12 de abril de 1961. Y el cosmonauta soviético continuaba aún:

"También veo los notables cambios de colorido que van graduándose desde la superficie de la Tierra hasta el negro absoluto del firmamento, lejos, sobre el que se pueden ver, titilando, las estrellas. La línea divisoria es muy tenue, como si la Tierra estuviera rodeada por un envoltorio de color azul, muy delicado. La transición desde el azul hasta el negro es muy suave...".

Para quienes se apasionan por el devenir de la evolución de la historia espacial, hay una pregunta que inquieta y que aguarda todavía una respuesta concluyente: ¿quién ganó realmente la carrera espacial?

Una réplica apresurada podría mencionar que el triunfo indiscutible le pertenece a los Estados Unidos, y no sólo porque ese país consiguió llegar antes a la Luna con un vuelo tripulado, sino porque un par de décadas más tarde de aquellas primeras pisadas de sus astronautas en suelo selenita, el mundo socialista que dominaba gran parte del continente europeo se derrumbaba trágicamente, como un gigantesco castillo de naipes, otorgándole al capitalismo una victoria irrefutable.

Pero, está visto, las leyes del capitalismo están basadas en principios autodestructivos. Así, la necesidad de disminuir los costos y la lógica fatal de acrecentar la tasa de ganancias, al mismo tiempo que se pretende reducir la fuerza de trabajo aplicada en cada actividad, terminaron por aniquilar el emprendimiento más ambicioso encarado por la NASA después del Proyecto Apolo: el programa de transbordadores espaciales.

Dos tragedias como resultado de la desidia y la negligencia, más una infinidad de accidentes menores y pequeños escándalos, bastaron para confirmar que el transbordador no era ese vehículo seguro y confiable que podía permitirle al hombre surcar el Cosmos y aventurarse más allá de lo conocido.

El Shuttle era un fiasco que, además de ser inseguro, generaba un alto costo de mantenimiento y contaba con una complejidad técnica que hacía imposible la producción en serie; y por eso debió ser cancelado en 2010, luego de cinco años de sobrevida.

Por primera vez en las últimas cuatro décadas, Estados Unidos carece de una nave propia para viajar al espacio, aún necesitada de garantizar el mantenimiento de la Estación Espacial Internacional (ISS).

¿Cuál era la única alternativa para la NASA ante este escenario, ya sin chance de reutilizar sus transbordadores?

La respuesta fue acudir a la tecnología arcaica y primitiva de sus otrora adversarios en la carrera espacial: los rusos. Y con ellos, debió tomar la difícil decisión de adaptarse al incómodo *Soyuz* (con capacidad para transportar a sólo tres tripulantes, contra los siete que permitían los transbordadores), que fue lanzado por primera vez en 1967 y que hoy es definido como el "Kalashnikov de las naves espaciales", comparando las utilidades del vehículo con las del famoso fusil soviético que se sigue utilizando en todo el mundo por su confiabilidad, pese al radical desarrollo de la industria armamentista en los últimos años.

El *Soyuz* es el único vehículo que hoy en día está capacitado para realizar vuelos tripulados. De modo que, si subrayamos el dilema de que son los rusos los que cuentan en la actualidad con el monopolio de los lanzamientos y con la superioridad estratégica que esta ventaja genera, habrá que poner en seria controversia aquella primera respuesta respecto del verdadero vencedor de la cruzada espacial.

Mientras los analistas intentan responder a esa pregunta, los norteamericanos están condenados a pagar una fortuna (40 millones de dólares por cada billete, para ser más precisos) para alquilar 46 butacas en los futuros vuelos rusos (seis en 2014 y seis en 2015), y además aprender a ejercitar el músculo de la diplomacia con los nuevos señores del Kremlin.

Pero quizá lo peor de todo signifique resignarse y tragar su orgullo para viajar en las condiciones casi artesanales de la veterana nave, creada por científicos soviéticos que jamás podrían concebir esa imagen de los gigantes capitalistas pidiendo permiso a sus pares rusos para llegar al espacio.

Por las dudas, los representantes del Roskosmos ya anunciaron un vertical y oportunísimo aumento del 50 por ciento en los precios del alquiler de su hoy muy apetecible nave *Soyuz*, y el premier Vladimir Putin, envalentonado por la decadencia de los americanos, se encargó de anunciar un revitalizado programa espacial con fondos frescos, después de una década complicada en la que tuvo que enfrentarse a un duro dilema: cancelar proyectos y optimizar la gestión de los escasos recursos o desaparecer en el olvido.

En la actualidad, Rusia financia la construcción de un nuevo cosmódromo en Vostochnyi, situado en la región oriental rusa, y redobla la apuesta para dejar lista una nueva nave no reutilizable, el *Perspektivnaya Pilotiruemaya Transportnaya Sistema* (PPTS), con perspectivas de comenzar a volar entre 2015 y 208. Y tiene un objetivo en la mira, aunque todavía muy distante: para el año 2030, Roskosmos pretende enviar una misión tripulada a orbitar alrededor de la Luna, que incluirá la salida de sus cosmonautas a la superficie del satélite.

La segunda parte del plan es aun más ambiciosa: llegar al planeta Marte con un vuelo tripulado, usando el flamante cohete gigante *Energía*.

Del otro lado del mundo, el presidente Barack Obama fue el responsable de anunciar en febrero de 2010 el retiro de escena de los transbordadores y la decisión inédita de transferir al sector privado la responsabilidad de desarrollar nuevos cohetes y vehículos capaces de transportar astronautas, lo que representaba todo un cambio de paradigma para la tradición espacial norteamericana.

Charles Bolden, nuevo director de la NASA, argumentó:

"¿Qué ganaremos? Menos impuestos, muchos puestos de trabajo muy cualificados y que los empresarios financien el desarrollo comercial de los vuelos privados. Reharemos la base de la exploración espacial y estableceremos nuevas formas de negocio para hacerla sostenible. La colaboración con empresas no es una idea nueva, ya se estaba haciendo, pero ha llegado el momento de hacerlo a lo grande".

Luego ejemplificó el trabajo que, desde hace años, se viene coordinando para desarrollar cohetes y vehículos de carga para la ISS, con corporaciones privadas como Space X y Orbital Sciences. Está claro que el gran objetivo de la NASA en este sentido es seducir a los gigantes en la construcción del sector, como Boeing y Lockheed Martin, quienes pretenden utilizar sus cohetes pesados para el transporte de cargas primero y de astronautas después.

En cuanto al anunciado anhelo de llegar a Marte, el proyecto sigue contando tan sólo con un "apoyo retórico", pero no con un financiamiento efectivo que permita sostener la planificación de despegar en 2025 rumbo al planeta rojo.

Albert Carnasale, investigador de la Universidad de California, ya a mediados de 2012 explicaba:

"Hemos visto escasas muestras de que sea ampliamente aceptado como un destino convincente por la misma fuerza de trabajo de la NASA, el país en general o la comunidad internacional. La ausencia de un consenso sobre el objetivo más visible del programa de vuelos tripulados de la NASA, junto con la incertidumbre presupuestaria, ha minado la capacidad de la agencia para seguir la planificación del programa y asignar recursos. La NASA no puede ejecutar un programa aeroespacial equilibrado con las actuales restricciones presupuestarias".

Si bien el anuncio de Obama no ahorraba expresiones de deseo y promesas varias de relanzar la alicaída imagen de la NASA ("Estoy comprometido al cien por ciento con la misión de la NASA y su futuro", advirtió), la verdad es que el plan presidencial incluía otro aspecto controversial: clausurar el "Programa Constelación", aprobado en 2004 durante la gestión de George W. Bush y que perseguía la idea de volver a la Luna con un vuelo tripulado antes de 2020, con los nuevos cohetes *Ares* y la cápsula *Orión*.

"Nadie está más comprometido que yo con las misiones espaciales tripuladas, pero debemos hacerlo de manera sensata".

Tal fue la aclaración de Obama, aunque su cautela fue duramente criticada por diversos sectores ligados a la industria. Para los indignados, se trataba de un resignado primer paso en camino a perder para siempre el liderazgo espacial de Estados Unidos, pero agravado por otra millonaria razón: ya se habían invertido en "Constelación" nada menos que 9.000 millones de dólares. Y las previsiones hablaban de que perderían su empleo al menos 7.000 técnicos en los próximos años.

Si bien los analistas científicos acordaban en que el cronograma previsto en el plan de Bush parecía "poco realista" en cuanto a los plazos fijados y porque necesitaba de un mayor financiamiento, pocos esperaban el final taxativo del sueño lunar.

"La NASA ha perdido el norte" y "¿Hacia dónde va la NASA?" fueron los títulos elegidos por la prensa estadounidense el día después de los anuncios, además de otorgarles un lugar privilegiado a las voces críticas que empezaron a apuntar sus dardos contra el presidente demócrata.

Michael Griffin, ex jefe de la NASA durante la Administración Bush, fue el primero en manifestar su oposición a la medida:

"Obama pretende que seamos rehenes de la esperanza de que se desarrollen a tiempo los vuelos comerciales al espacio, inexistentes ahora".

Otro testimonio en ese mismo tono fue el aportado por el primer hombre en pisar la Luna, Neil Armstrong, quien no dudó en calificar de "devastadora" la cancelación del programa, y dictaminar que, a partir de esa decisión, se iniciaba para Estados Unidos "un largo descenso hacia la mediocridad".

En un tramo de un documento difundido por la cadena NBC y firmado por 27 veteranos de la NASA, incluidos algunos ex astronautas como el mismo Armstrong, Eugene Cernan –el último hombre en pisar la Luna–, Jim Novell, comandante de la misión *Apolo 13* –famosa después por la película protagonizada por Tom Hanks–, y Eugene Kranz, mítico director del Programa Apolo, se afirma:

"Para Estados Unidos, el país líder del espacio durante casi medio siglo, el hecho de estar durante un tiempo indeterminado sin un vehículo para acceder a la órbita baja terrestre y sin capacidad para la exploración con astronautas para ir más allá, supone tender a convertirse en un país de segunda, o incluso de tercera categoría... América debe decidir si desea seguir siendo líder espacial. Si es así, debemos poner en marcha un programa que nos proporcione la mejor oportunidad de lograrlo".

La respuesta por parte del comité de expertos que impulsó el rediseño estratégico presentado por Obama (también conocido como "Informe Augustine") se basó exclusivamente en la variable financiera: los programas de la NASA históricamente se habían caracterizado por ser demasiado grandes, demasiado lentos y, principalmente, demasiado costosos. No parece atinado embarcarse nuevamente en uno de ellos, en medio de una crisis económica global.

John Holdren, uno de los asesores científicos de Obama, recalcó:

"Estoy convencido de que este nuevo rumbo es el correcto en este momento. No es un retroceso respecto del anterior; es procurarnos nuevas oportunidades para llegar más allá del espacio, más deprisa, con más seguridad y con menos gastos".

Otra vez, los bolsillos flacos de un capitalismo en crisis se encargaban de limitar los anhelos de los corazones aventureros de la NASA. La prioridad del presente no es ganar ninguna competencia espacial sino, simplemente, achicar los gastos del Estado. De allí la intención de interesar al sector privado en un dudoso negocio que requiere enormes inversiones y que, como contrapartida, ofrece réditos todavía nebulosos.

Pese a los anuncios, las presiones de algunos sectores (particularmente de las empresas aeroespaciales) consiguieron que Obama suavizara apenas su plan original meses después. El investigador español Daniel Martín, director del excelente sitio web *Eureka*, se refiere en particular a esta nueva etapa que se abre para la NASA con estas palabras:

"No es exagerado decir que la NASA está sufriendo con dos décadas de retraso las consecuencias del fin de la Guerra

Fría. Sin un poderoso enemigo ante el que realizar exhibiciones tecnológicas, el gobierno federal muestra cada vez menos interés en desembolsar las cantidades de dinero que requiere un programa espacial ambicioso. Muchos se han olvidado una vez más que el programa espacial no tripulado también es hijo de la Guerra Fría. Puede que mandar una sonda a Marte nos parezca mucho más 'útil' que una misión del transbordador espacial, pero para la mayor parte de políticos su utilidad es la misma. Es decir, ninguna. Sin un programa tripulado que lo 'arrope' políticamente, la exploración no tripulada del espacio es un objetivo políticamente igual de prescindible que la tripulada, puede que incluso más".

Crisis, decadencia y desfinanciamiento parecen ser hoy los conceptos ligados a la NASA por los medios de comunicación estadounidenses.

Los tiempos aquellos de hazañas espaciales, de transmisiones en vivo seguidas por multitudes, de anuncios millonarios y nuevos objetivos cada vez más lejanos, ya pertenecen al nostálgico museo de trastos viejos, donde descansan también, desde hace un par de años, los asombrosos transbordadores espaciales.

Sin antagonista ideológico a la vista, Estados Unidos se debate hoy contra sus propias contradicciones. Y, mientras tanto, el desafío de conquistar al espacio, aunque resulte paradójico, parece ya no pertenecer tanto al futuro como al pasado del hombre.

¿Llegará el hombre algún día a Marte, el codiciado Planeta Rojo?

¿Será posible trasladar una colonia humana a la superficie lunar?

¿Quiénes serán, en definitiva, los hombres y las mujeres capaces de afrontar con valentía la nueva etapa, si es que hubiera alguna, en la conquista espacial a desarrollarse en los próximos años?

Son ésas las preguntas que hoy se multiplican, como el eco del silencio en la oscuridad del espacio. Por fortuna, aquí en la Tierra duermen sus sueños de grandeza los visionarios de los tiempos que vendrán. Quizá ellos puedan aportar alguna certeza a este satélite de incertidumbres cósmicas en que hoy orbitamos.

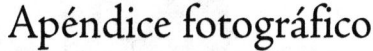

Apéndice fotográfico

El primer gran paso

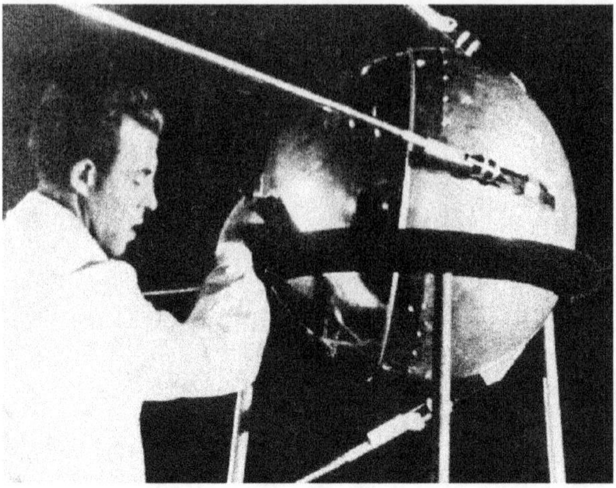

Fotos: NASA

El 4 de octubre de 1957, la URSS lanzó el *Sputnik 1*. Pesaba unos 83 kg y contaba con dos transmisores de radio. Regresó a los tres meses y, en plena Guerra Fría, fue una carta de triunfo para la Unión Soviética. La de arriba es una foto histórica; la de abajo es una réplica que muestra al aparato abierto.

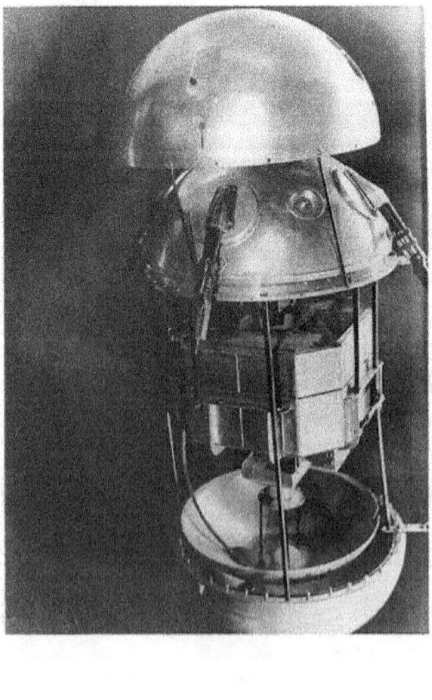

El nuevo aliado

Foto: Archivos Federales de Alemania

Arriba: de traje, en su época nazi, Wernher von Braun (1912 -1977), el ingeniero aeroespacial alemán que, tras la guerra, tomó la ciudadanía de Estados Unidos, se integró a la NASA y desarrolló cohetes como el *Saturno*, que llevaría al hombre a la Luna. *Abajo*: el científico posando junto a poderosos motores F1.

El gran artífice soviético

Izquierda: foto oficial del ingeniero Sergei Pávlovich Korolev (1907-1966), padre del desarrollo aeroespacial de la URSS. *Derecha*: con uno de los perros astronautas.

Foto: NASA

Lanzamiento de un cohete *Bumper 2* estadounidense, en julio de 1950. Menos de siete años depués, Korolev lograría la hazaña del *Sputnik*, satélite que, se dice, construyó en sólo un mes.

Hombre en el espacio

Arriba: Yuri Alekséyevich Gagarin (1934-1968). El 12 de abril de 1961 se convirtió en el primer hombre en viajar al espacio exterior, a bordo de la nave *Vostok 1*. *Abajo*: un diario regional estadounidense da cuenta de la noticia que asombró al mundo. Hasta entonces, la Unión Soviética lideraba una carrera que tenía tantas connotaciones científicas y técnicas como políticas.

Feature Index

The Huntsville Times

Where Progress...

Covers The Valley!

Man Enters Space

'So Close, Yet So Far,' Sighs Cape

U. S. Had Hoped For Own Launch

Hobbs Admits 1944 Slaying

Soviet Officer Orbits Globe In 5-Ton Ship

Maximum Height Reached Reported As 188 Miles

VON BRAUN'S REACTION:

To Keep Up, U. S. A. Must Run Like Hell'

"El último ciudadano soviético"

Fotos: NASA

Arriba: Sergei Krikalev (n. 1958). Veterano de seis vuelos espaciales, el "náufrago del Cosmos" es, hasta hoy, quien más tiempo ha pasado en el espacio. *Abajo*: en 2005, el cosmonauta estadounidense John Pillips (n. 1951) trabaja en la Estación Espacial Internacional. Quien se refleja en su escafandra y le toma la foto es Krikalev.

Un sueño vuelto tragedia

Fotos: NASA

La *Apolo 1* iba a ser la primera misión tripulada de ese programa. En enero de 1967, un incendio durante unas pruebas previas al vuelo ocasionó el fallecimiento de toda su tripulación. *Arriba*: de izquierda a derecha: Edward White, Virgil Grissom y Roger Chaffee, las víctimas. *Abajo*: el módulo de comando, calcinado, muestra las huellas del intenso calor.

El horror en vivo

Fotos: NASA

Arriba: la tripulación del transbordador espacial *Challenger*. Adelante, y de izquierda a derecha: Michael J. Smith, Dick Scobee y Ronald McNair. *Detrás*: Ellison Onizuka, Christa McAuliffe, Gregory Jarvis y Judith Resnik. *Abajo*: la fatídica explosión del 28 de enero de 1986. Frente a los azorados ojos del mundo, se producía el más grave accidente en la historia de los vuelos espaciales.

Una imagen de esperanza

Foto: Neil A. Amstrong / NASA

Julio de 1969. El cosmonauta Edwin E. Aldrin contempla la bandera de su país. La misión *Apolo 11* ponía tres hombres en la Luna. Los otros dos tripulantes eran Michael Collins y Neil A. Armstrong, quien tomó la fotografía. Las huellas humanas por primera vez eran implantadas en la superficie selenita. Antes y después, la conquista del Cosmos cobró varias víctimas (seres humanos y animales), unas conocidas, y otras que seguirán permaneciendo en secreto.

Bibliografía

Allen, Joseph: *Odisea de un astronauta. Entrada en el espacio.* Barcelona, Reverté, 1986.

Brzezinski, Matthew: *La conquista del espacio. Una historia de poder.* Buenos Aires, Grupo Ilhsa, 2008.

Cabañas, Vicente: *La cuenta atrás. De la carrera espacial al turismo cósmico.* Madrid, Septenio, 2009.

Casado, Javier: *Rumbo al Cosmos. Los secretos de la astronáutica.* Buenos Aires, Creative Commons, 2012.

Casado, Javier: *Houston, tenemos un problema. La historia de la exploración espacial a través de sus accidentes.* Madrid, El Rompecabezas, 2005.

Doran, Jamie; Bizoni, Piers: *Starman: The truth behind the legend of Yuri Gagarin.* Nueva York, Walker & Company, 2011.

Feinstein, Alejandro; Tignanelli, Horacio: *Objetivo: Universo.* Buenos Aires, Colihue, 1999.

Gagarin, Yuri: *Memorias de un cosmonauta.* Buenos Aires, Del Futuro, 1961.

Hall, Rex; Shayler, David: *Russia's Cosmonauts: Inside the Yuri Gagarin Training Center.* Nueva York, Springer, 2005.

Kay, W.D.: *Defining NASA: The historical debate over the Agency's mission.* Nueva York, New York Press, 2005.

Koppel, Lilly: *The Astronaut Wives Club: A true story.* Nueva York, Grand Central Pub, 2012.

Oberg, James: *Red Star in orbit.* Nueva York, Random House, 1981.

Oberg, James: *Uncovering Soviet disasters.* Nueva York, Random House, 1988.

Pierrot, Henry: *Poética para cosmonautas.* Riot Cinema Collective (www.riotcinema.com), 2012.

Índice

Perdidos en el espacio, de Hugo Montero,
fue impreso y terminado en marzo de 2014,
en Encuadernaciones Maguntis,
Iztapalapa, México, D. F. Teléfono: 5640 9062.

Realización editorial: Julio Acosta
(julioacostaeditor@hotmail.com.ar)
Corrección: Pablo Valle

www.ingramcontent.com/pod-product-compliance
Lightning Source LLC
Chambersburg PA
CBHW051511170526
45166CB00001B/477
* 9 7 8 1 5 0 0 3 9 5 2 1 6 *